中国历代家训丛书

历朝母训

夏家善◎主编

郑天一　元绍瑞　闫富英◎注释

天津古籍出版社

图书在版编目(CIP)数据

历朝母训/夏家善主编;郑天一,元绍瑞,闫富英注释. ──天津:天津古籍出版社,2017.8
(中国历代家训丛书)
ISBN 978-7-5528-0517-8

Ⅰ.①历… Ⅱ.①夏… ②郑… ③元… ④闫… Ⅲ.①家庭道德–中国–古代 Ⅳ.①B823.1

中国版本图书馆 CIP 数据核字(2017)第 083531 号

历朝母训

夏家善主编;郑天一　元绍瑞 闫富英注释
出版人/张玮

天津古籍出版社出版
(天津市西康路 35 号 邮编 300051)
http://www.tjabc.net

三河市龙大印装有限公司印刷
全国新华书店发行
开本 910×1230 毫米　1/32　印张 8.75　字数 222 千字
2017 年 8 月第 1 版　2017 年 8 月第 1 次印刷

ISBN 978-7-5528-0517-8　定价:30.00 元

序

我国古代文化典籍浩如烟海,品类繁多。其中,各种形式的"家训""家诫""家规""家礼",在普及传统文化、规范人们的生活和行为方式,整齐家风以至维持整个社会的谐调稳定方面,发挥了十分重要的作用。这一部分文化遗产很值得重视。

"三代而下,教详于家。"清代学者钱大昕这句话,概括地说明了我国古代具有重视家教的传统。"家训""家诫"一类著作,起源于东汉而盛行于魏晋南北朝时期,它是当时世族社会教育制度的产物。人们十分熟悉的诸葛亮的《诫子书》,即产生于汉魏之际;而最早系统编撰成书的家训著作,当推南北朝时期颜之推的《颜氏家训》。作者撰写该书的直接目的在于"整齐门内,提撕子孙",而其更深远的意义则是为了"轨物范世""遗泽后昆"。这类著作以家族和家庭中长辈对晚辈耳提面命的谆谆教谕的形式,将传统伦理道德观念和儒家文化精神通俗地灌输传授给子孙后代,使其"同言而信,信其所亲;同命而行,行其所服",即利用血亲伦常关系和长辈对晚辈的绝对影响力约束力,达到"助人君,明教化"的目的。各种家训中有关立志、勉学、修身养性、待人接物的训诫,无非是要求"养亲事君忠孝为本""言则忠信行则笃敬""慎言检迹立身扬名",以维持世族的社会地位。这种家教的传统之所以在我国古代社会一直延续下来,并且影响到近现代,是有其深刻的社会根源的。正如梁启超所说:"吾中国社会之组织,以家族为单位,不以个人为单位,所谓家齐而后国治是也。周代宗法之制,在今日形式虽废,其精神犹存也。"家族宗法制度的客观存在和历久不衰,就为家教传统的延续和"家训"一类著作的蓄衍提供了深厚的社会土壤。被视为"古今家训之祖"的《颜氏家训》一书问世后,曾辗转流布,反复梓刻,虽历千余年而不佚,存其影响示范之下,各种形式的家训、家教、家规、家约、治家格言之类著作层出不穷,无代无之。如若将这类著作加以汇集,恐怕有数百千家之多,显然这是一笔不容忽视的历史文化遗产。

  从文化的视角来审察,我国两千多年的封建文化,其内容丰富而芜杂,但总的来说,占据主导地位的还是儒家文化。受这种文化氛围的熏陶,历代家训也深深地打上了儒家思想的印记,透过其或典雅精微或通俗易懂的言辞,其着力宣传之要旨大抵不外乎"正心""诚意""修身""齐家""治国""平天下"的"大学之道","立人""达人""爱人""谅人"的"忠恕之道",以及"父慈子孝兄友弟恭朋友有信"的"絜矩之道"。也就是说,儒家所倡导的文化价值观念、理想人格模式和伦理道德规范,作为历代家训的主要精神支柱,是"儒者宣而明之"欲使其"家至而户说"的基本内容。当然,受释道思想文化的影响,古代家训中也夹杂着若干儒家文化以外的其他思想成分或因素,如道家之"无为",佛家之心性修养等等,这也完全是事实。家训作为在历史上产生和发展的文化现象,它也不可能不带有其所经历的各个时代的烙印,但从实质和总体上来看,它还是以儒家的忠孝仁义为本,吸纳融汇某些佛道思想,不过是作为达到忠孝仁义的手段而已。

显然,就思想内容而言,历代家训并非如前人所夸誉的那样,是"篇篇药石,言言龟鉴",但它也绝不是一堆粪土,不是一堆完全有害无益的封建糟粕。对于家训这种既包含着糟粕,又包含着许多人生智慧和真、善、美的启示的历史文化遗产,我们应该像对待古今中外的各种文化一样,采取马克思主义的具体分析和批判继承的态度。任何一种文化体系作为完整的结构,都可以分解为不同的层面,每一层面又可以分解为若干要素;换言之,文化要素构成文化层面,文化层面构成文化系统。对它们是可以加以分析分解的,也可以根据新时代的需要进行重组或新的综合。我们对待历代家训也要采取分析的态度,区别良莠,批判剔除其封建性的糟粕,改造继承吸收其富有生命力的或在今天仍有启迪借鉴意义的文化内容,使其成为社会主义新文化的重要构成要素。

既然古代家训是封建时代的产物,大多出自历代帝王、名臣仕宦、封建士大夫之手,而为封建统治阶级所倡导,它就不可能不带有封建地主阶级意识形态的特征,不可能不大量宣扬封建道德观念。例如,历代家训中反复强调必须遵从封建的纲常名教,倡导愚忠愚孝的封建伦理道德;反复鼓吹"学而优则仕""唯上智与下愚不移"和"万般皆下品,唯有读书高"的封建士大夫观念;反复提倡安常处顺、知足常乐、明哲保身的处世之道和保守思想,等等。毫无疑问,这些都属于封建思想的糟粕,是应该批判和舍弃的。这方面的思想流毒在今天仍不能忽视。

另一方面,历代家训中还包含着相当多的思想精华和在今天仍有积极意义的内容,在教育后代如何处世做人的论训中,提供了前人丰富的人生经验和智慧,自觉或不自觉地宣传和弘扬了中华民族的传统美德,这些富有生命力的内容,都可供我们发现剔抉、含英咀华和借鉴吸收。从大的方面来说至少可以举出以下几点:

其一,鼓励立志。如诸葛亮《诫外甥书》说:"夫志当存高远,……若志不强毅,意不慷慨,徒碌碌滞于俗,默默束于情,永窜伏于凡庸,不免于下流矣!"《温氏母训》说:"岂有子孙专靠父祖过活之理!……若肯立志,大小自成结果。"

其二,奖掖进学。如诸葛亮《诫子书》说:"才须学也,非学无以广才,非志无以成学。"《颜氏家训》说:"幼儿学者,如日出之光;老而学者,如秉烛夜行。"

其三,劝勉勤俭。《朱柏庐治家格言》说:"黎明即起,洒扫庭除。""一粥一饭,当思来处不易;半丝半缕,恒念物力维艰。"明吴麟徵《家诫要言》说:"治家,舍节俭别无可经营。""茹荼历辛,自是儒生本色。"

其四,提倡清廉。《景氏家训》载胡康公诲诸子曰:"予居官四十余年,无他长,但'清白'二字,平生守之不失。尔曹今日虽未有官守,务全名节,金帛易动人,远而勿亲。"高攀龙《家训》说:"世间惟财色二者,最迷惑人,最败坏人。"

其五,导人行善。《朱柏庐治家格言》说:"勿贪意外之财,勿饮过量之酒。""与肩挑贸易,毋占便宜;见贫苦亲邻,须加温恤。"《家诫要言》说:"待人要宽和,世事要练习。""恶不在大,心术一坏,即入祸门。"《弟子规》说:"凡是人,皆须爱,天同覆,地同载。""能亲仁,无限好,德日进,过日少。"

此外,历代家训还在强调知行合一,学以致用,应世涉务,分阴惜时,遵守礼仪,尊敬师长,孝顺父母,慎择朋友,睦邻友好,克己让人等许多方面,都有一些精彩的议论和非凡的识见,有的至今仍能给人以真的启迪、善的奉劝和美的鉴赏,展示出永久的价值和魅力。这些积极的内容自然是我们今天建设社会主义精神文明所必须继承和发扬的。经过批判的分析和创造性的转化,完全可以用来作为对青少年进行思想品德教育的有益资粮和历史教材,倡导良好的家风亦有利于促进整个社会的安定团结和协调发展。

《中国历代家训丛书》的主编夏家善同志,是我刚调到南开大学工作时就已相识的老朋友。他长期研治中国文学,详熟古代文化典籍,特别瞩意于历代家训的搜集整理,用力甚勤,颇有心得。这套丛书就是他从我国历代家训中精选汇辑出来的,共计12册,虽分类汇编而又构成一完整系统,有明确的指导思想,并邀请专家学者对各书分别加以标点、注释和说明,以便于读者准确地把握其思想内容,从中汲取智慧和涵养。这是一件很有意义的工作。夏家善同志向我征序,作为老朋友,我觉得难以拒绝,于匆忙中写了上述粗浅的认识,不当之处请编者和读者批评指正。

方克立

前　言

在中国历代家训的思想文库中，除却卷帙浩繁的父训，尚有不少慈母训诲子女之作。慈母教子，既有父亲的远见卓识，又具母亲特有的细心、耐心与温存。可以说，这是一种更易于为子女所接受的、富有实效的家训。为了给当今母亲教育子女提供可资借鉴的历史教材，《中国历代家训丛书》特列专集辑录母训，名曰《历朝母训》。

《历朝母训》的作者，涉及西周至清代诸历史时期的不同阶层。其中有史学家班昭，有文学家宋昭莘、宋昭若姐妹和钟令嘉，有普通家庭主妇温璜母、郑珍母，有后妃大任、徐皇后，有士大夫之妻郑氏等。她们分别从不同的角度，用不同的方法，告诉后人应如何教育子女。

《历朝母训》内容极为丰富，概括起来有以下几点：

第一，强调对子女品德的培养、教育是历代母训的重要内容。古人主张："太上有立德，其次有立功，其次有立言。"（《左传·襄公二十四年》）以立德为首要任务。这种道德观决定了古代母训重在培养子女的美好品德。三国时代的习氏教子："人患无德义，不患不富。"明末温璜母认为："富贵不如文章，文章不如道德。""远邪佞是富家教子第一义，远耻辱是贫家教子第一义。至于科第文章，总是儿郎自家本事。"强调做人应以修身立德为本。

古代贤母教子，注重培养他们勤俭的品德。敬姜教育儿子，勤劳是立国、立家之本，能以勤劳为本，则国兴家兴。温璜母教子，持家能勤能俭，就会有二分剩余，过得宽舒、康泰。否则，纵使家有千金，挥霍无度，也有窘迫时。郑珍母告诫儿子："人家无论有无，皆当勤苦节俭。节俭非勤苦人不知。"她们很有识见，没有把培养勤俭品德仅仅局限于修身，而是以之为立国、立家之本。她们为舒适生活确定了一个至今仍有意义的标准——勤俭。中华民族的这一美德能够传扬光大，与历代贤母们的教诲是分不开的。

古代贤母注重教子为官清廉。田稷子母发现儿子收受贿赂，告诫他："非礼之利，不入于家"，要廉洁公正，才能"志遂而无患"，促使田稷子向齐宣王自首，返还所受贿赂。陶侃为鱼梁吏，做鱼鲊送给母亲。陶母原物退回，并责备他不该把官物送回家，让自己为他的不廉洁行为忧虑。这些贤母都致力于培养儿子淡泊私利、廉洁奉公的美德，使他们成为于国于民有益的好官吏。

第二，教育子女学会待人处世，是历代母训的另一重要内容。待人处世是与人生相始终的课题，母亲以其在家中的特定位置与天性特点，在这方面的教育注重谦和、宽厚，具阴柔之美，这与父训的阳刚之气相辅相成，更有利于培养后代全面发展。敬姜教育儿子对人要谦下，要与过己者交游。温璜母教育儿子，"与朋友相与，只取其长，弗取其短。如遇刚鲠人，须耐他戾气；遇骏逸人，须耐他罔气；遇朴厚人，须耐他滞气；遇佻达人，须耐他浮气，不徒取益无量，亦是全交之法"。郑珍母教子待人要宽容，"亲友间非有大故，当委曲完全，不可便破脸破相"。《女论语》总结女子处家之法是：以和为贵，以孝顺为尊。子发母责备儿子只管自己享乐，不顾部下，教育他应与士卒同甘共苦；李景让母鞭挞儿子，平息军士哗变；欧阳修母教育儿子为官要仁厚。正是由于这些母亲的教诲，才使她们的儿子通情达理，懂得如何做人。

第三，关注子女读书成才，是历代母训又一内容。在男尊女卑的封建社会，教子读书本当是父亲的天职，但是，一些有远见卓识的母亲承担了这一责任。这主要表现在三方面：一是亲自指导子女读书，例如钟令嘉那样有一定文化修养的母亲。二是培养子女勤奋好学的品德，为他们成才奠定道德基础。例如，钟令嘉每晚教子读书，直到鸡鸣，使儿子自幼养成勤奋读书的习惯。三是用伟大的母爱呵护子女，为他们读书成才创造客观环境。例如，孟母三次迁居，选择适合于儿子读书的环境。孟子成为"亚圣"，包含着孟母的心血和汗水。郑珍母辛勤劳作，节衣缩食，以自己的牺牲扶助儿子，为其成才创造了有利条件。或许我们可以这样说：有伟大的母亲导之于前，就有杰出的儿子成就于后。

第四，训导女儿是历代母训的又一侧面。《女诫》《女论语》《女孝经》《女范捷录》等，皆专为教育女子而作。

历代母训一反传统观念，教育女子要读书，主张女子需要才智。《女范捷录》指出："女子无才便是德，此语殊非。"认为"治安大道，固在丈夫；有智妇人，胜于男子"。赞美她们："远大之谋，豫思而可料；仓促之变，泛应而不穷"。强调女子要发挥才智，匡夫之过，辅助丈夫、儿子为国家效力。

教育女子达理。不少贤母要求女子处己以礼，"语莫掀唇，坐莫动膝，立莫摇裙"。待人要合于礼，有客人过访，要以礼相待；若到别人家，也要依礼而行。奉父母、公婆更要有礼，不得自专。总之，女子要执礼以行。

教育女子要善于理家。历代贤母要求女子理家要勤要俭，"勤则家起，懒则家倾；俭则家富，奢则家贫"。要学女工，纺绩、缝纫，样样都要通。要勤于劳作，五更即起，料理三餐，还要善于安排菜蔬饮食。要把家中起居饮食安排妥帖，无论贫富，使一家人都像个样子。做到这些，家庭定会幸福。

第五，因为母亲在家中的地位、自身秉性不同于父亲，所以教子方法也自有特点。

母亲教育子女，注意循循善诱。母亲一般都很细心，她们平时操持子女的衣食住行，最了解他们的心意，最善于诱导他们。郑珍母告诫儿子："我欲命汝不饮，则酒原不误人；我欲命汝饮，则人又误于酒，汝自量焉。"她把自己的矛盾心理如实告诉儿子，让儿子自己思考该怎样做。孟母断织，则是用譬喻法教育儿子，读书要持之以恒，方能学有所成。

母亲教育子女，注意言传身教。钟令嘉在极艰苦的条件下，边纺绩边教子读书的勤奋精神不能不注入蒋士铨的心髓；她病中以儿子诵书疗疾的举动，不能不激励蒋士铨发愤读书，最终成就学业。可见言传身教更宜于为子女接受，进而变为他们自己的行动。

古代母训还有许多至今仍有积极意义的内容，诸如，教子立志，遵纪守法，成为有益于社会的人等等，此不一一详述。

正像任何事物都具有两面性一样，由于历史和时代的局限，古代母训中也不可避免地存在着封建糟粕。例如，教子追求功名富贵，以光耀门第；过分强调忍让，而阻止奋争；主张男尊女卑，要求女子卑弱自守，逆来顺受；宣扬女子"从一而终"的节烈观，赞美殉节的愚蠢行为；用封建枷锁束缚女子，扭曲其人格，压制其才智。这些都是我们今天应予摒弃的。

本书大体依时间顺序编排。有些母训系从他处撷取而来，为便于阅读，我们加拟了标题；有些母训为其子追述，为保持原貌，作者仍署其子之名。所选母训，一律标点、注释。在注释的时候，有的问题众说纷纭，我们仅取其一。

我们认为，将中国历代母训汇辑成册，借鉴古代贤母教育子女的经验和方法，为当今的家庭教育服务，是一项很有现实意义的工作。

郑天一

目　录

胎教ꞏꞏ［周］大任(1)

敬姜教子ꞏꞏꞏꞏꞏꞏꞏꞏꞏꞏꞏꞏꞏꞏꞏꞏꞏꞏꞏꞏꞏꞏꞏꞏꞏꞏꞏꞏꞏꞏꞏꞏꞏꞏ［春秋］敬姜(3)

训子语ꞏꞏꞏꞏꞏꞏꞏꞏꞏꞏꞏꞏꞏꞏꞏꞏꞏꞏꞏꞏꞏꞏꞏꞏꞏꞏꞏꞏꞏꞏꞏꞏꞏꞏꞏꞏ［战国］子发母(10)

择邻而居ꞏꞏꞏꞏꞏꞏꞏꞏꞏꞏꞏꞏꞏꞏꞏꞏꞏꞏꞏꞏꞏꞏꞏꞏꞏꞏꞏꞏꞏꞏꞏꞏꞏꞏꞏꞏ［战国］孟母(13)

断织劝学ꞏꞏꞏꞏꞏꞏꞏꞏꞏꞏꞏꞏꞏꞏꞏꞏꞏꞏꞏꞏꞏꞏꞏꞏꞏꞏꞏꞏꞏꞏꞏꞏꞏꞏꞏꞏ［战国］孟母(15)

教子勿欺ꞏꞏꞏꞏꞏꞏꞏꞏꞏꞏꞏꞏꞏꞏꞏꞏꞏꞏꞏꞏꞏꞏꞏꞏꞏꞏꞏꞏꞏꞏꞏꞏꞏꞏꞏꞏ［战国］孟母(17)

教子勿贪ꞏꞏꞏꞏꞏꞏꞏꞏꞏꞏꞏꞏꞏꞏꞏꞏꞏꞏꞏꞏꞏꞏꞏꞏꞏꞏꞏꞏ［战国］田稷子母(18)

教子言ꞏꞏꞏꞏꞏꞏꞏꞏꞏꞏꞏꞏꞏꞏꞏꞏꞏꞏꞏꞏꞏꞏꞏꞏꞏꞏꞏꞏꞏꞏꞏꞏꞏꞏꞏꞏꞏꞏ［汉］杜泰姬(20)

戒诸女ꞏꞏꞏꞏꞏꞏꞏꞏꞏꞏꞏꞏꞏꞏꞏꞏꞏꞏꞏꞏꞏꞏꞏꞏꞏꞏꞏꞏꞏꞏꞏꞏꞏꞏꞏꞏꞏꞏ［汉］杜泰姬(22)

勉子从大义ꞏꞏꞏꞏꞏꞏꞏꞏꞏꞏꞏꞏꞏꞏꞏꞏꞏꞏꞏꞏꞏꞏꞏꞏꞏꞏꞏꞏꞏꞏꞏꞏ［汉］赵苞母(23)

女诫ꞏꞏꞏ［汉］班昭(25)

训子言ꞏꞏ［三国］习氏(40)

教侄读书ꞏꞏ［晋］任氏(42)

封鲊教子ꞏꞏ［晋］湛氏(44)

母训ꞏꞏꞏꞏꞏꞏꞏꞏꞏꞏꞏꞏꞏꞏꞏꞏꞏꞏꞏꞏꞏꞏꞏꞏꞏꞏꞏꞏꞏꞏꞏꞏꞏꞏꞏꞏꞏꞏ［隋］许善心母(45)

教子继家风ꞏꞏꞏꞏꞏꞏꞏꞏꞏꞏꞏꞏꞏꞏꞏꞏꞏꞏꞏꞏꞏꞏꞏꞏꞏꞏꞏ［唐］郑善果母(47)

诫子语ꞏꞏ［唐］卢氏(49)

谕子行道义ꞏꞏꞏꞏꞏꞏꞏꞏꞏꞏꞏꞏꞏꞏꞏꞏꞏꞏꞏꞏꞏꞏꞏꞏꞏꞏꞏꞏꞏꞏ［唐］张镒母(51)

1

女孝经 …………………………………… [唐]郑氏(53)
女论语 ………………………… [唐]宋若莘　宋若昭(76)
责子言 ………………………………… [唐]李景让母(92)
答皇帝问 ………………………………… [宋]薛氏(93)
教子学父 ……………………………… [宋]欧阳修母(94)
戒女书 …………………………………… [宋]李氏(97)
内训 ………………………… [明]仁孝文皇后徐氏(100)
训子 …………………………………… [明]徐媛(141)
女范捷录 ………………………………… [明]刘氏(143)
女范 ……………………………………… [明]胡氏(186)
遗子弟书 ……………………………… [明]李际阳母(196)
母教叙录 ……………………………… [明]袁衷等(199)
训子诗三十韵 …………………………… [明]黄氏(210)
温氏母训 ………………………………… [明]温璜(214)
铨母教子 ……………………………… [清]蒋士铨(234)
母教录 …………………………………… [清]郑珍(237)
附录
　　进《女孝经》表 …………………………… [唐]郑氏(256)
　　《内训》序 ………………… [明]仁孝文皇后徐氏(259)

后记 …………………………………………………… (262)

胎　　教

[周]大任[1]

　　大任者,文王之母[2],挚任氏中女也[3],王季娶为妃[4]。大任之性,端一诚庄[5],惟德之行[6]。及其有娠,目不视恶色[7],耳不听淫声[8],口不出敖言[9],能以胎教[10]。溲于豕牢[11],而生文王。文王生而明圣,大任教之以一而识百,卒为周宗[12],君子谓大任为能胎教。古者妇人妊子[13],寝不侧[14],坐不边[15],立不跸[16]。不食邪味,割不正不食,席不正不坐[17],目不视于邪色,耳不听于淫声,夜则令瞽诵诗[18],道正事。如此,则生子形容端正,才德必过人矣。故妊子之时,必慎所感,感于善则善,感于恶则恶,人生而肖万物者[19],皆其母感于物,故形音肖之,文王母可谓知肖化矣[20]。

注释

[1]　大任:大,"太"的古字,音 tài。故"大任"后世亦作"太任"。周文王之母。挚国任姓之中女。《胎教》选自《列女传》,文章记述了大任妊娠期间的饮食起居、保健和精神生活,科学地说明了胎教对胎儿成长的重要作用,很值得借鉴。

[2]　文王:即周文王,周武王之父,商末周族领袖。姬姓,名昌。商纣时曾被纣王囚于羑里(今河南省汤阴北),后获释,为西方诸侯之长,称西伯,亦称伯昌。建都于丰

邑(今陕西省西安市西南沣水西岸)。统治期间,任用姜尚等人,整顿军政,国力渐强,为武王灭商打下基础。在位五十年。

[3] 挚:古诸侯国,任姓。

[4] 王季:周太王古公亶父之末子,名季历。古公卒,立为公。妃:配偶,妻。

[5] 端一:庄重专一。诚庄:真诚严肃,诚实庄重。

[6] 惟德之行:只做合乎道德标准的事。

[7] 恶(è)色:邪恶的事物。

[8] 淫声:淫邪的乐声。古代以雅乐为正声,以俗乐为淫声。

[9] 敖言:傲慢不合乎礼的言语。

[10] 胎教:孕妇谨言慎行,心情舒畅,给胎儿以良好的影响,谓之"胎教"。

[11] 溲(sōu)于豕(shǐ)牢:溲,排泄大小便,此指排泄小便;豕牢,猪圈。溲于豕牢,在猪圈里小便。

[12] 周宗:周王朝的祖先。

[13] 妊子:怀孕。

[14] 侧:指睡觉侧卧。

[15] 边:边沿。

[16] 跸(bì):站立不正。

[17] "席不正"句:语出《论语·乡党》。古代坐席的四边要与墙壁平行。这句的意思是,如果坐席的四边和墙壁不平行,就不能坐。

[18] 瞽(gǔ):古代乐官,多以目盲者充任。

[19] 肖:相似。

[20] 肖化:古人谓胎儿在母体中受母亲的意念而转化。

敬 姜 教 子

[春秋]敬　姜[1]

公父文伯退朝[2],朝其母[3],其母方绩[4]。文伯曰:"以歜之家[5],而主犹绩[6],惧忓季孙之怒也[7],其以歜为不能事主乎!"

其母叹曰:"鲁其亡乎!使僮子备官而未之闻耶[8]?居[9],吾语女[10]。昔圣王之处民也[11],择瘠土而处之[12],劳其民而用之,故长王天下[13]。夫民劳则思,思则善心生;逸则淫[14],淫则忘善,忘善则恶心生。沃土之民不材[15],淫也;瘠土之民莫不向义[16],劳也。是故,天子大采朝日[17],与三公、九卿祖识地德[18]。日中考政[19],与百官之政事[20],师尹维旅、牧、相[21],宣序民事[22]。少采夕月[23],与太史、司载纠虔天刑[24]。日入监九御[25],使洁奉禘郊之粢盛[26],而后即安[27]。诸侯朝修天子之业命[28],昼考其国职[29],夕省其典刑[30],夜儆百工[31],使无慆淫[32],而后即安。卿大夫朝考其职[33],昼讲其庶政[34],夕序其业[35],夜庀其家[36],而后即安。士朝而受业[37],昼而讲贯[38],夕而习复[39],夜而计过[40],无憾而后即安。自庶人以下[41],明而动[42],晦而休[43],无日以怠[44]。王后亲织玄紞[45],公侯之夫人加之以纮綖[46],卿之内子为大带[47],命妇成祭服[48],列士之妻加之以朝服[49],自庶士以下[50],皆衣其夫[51]。社而赋事[52],烝而献功[53],男女效绩[54],愆则有辟[55],古之制也[56]。君子劳心,小人劳力,先王之训也[57]。自上以下,谁敢淫心舍力[58]?今我寡也[59],尔又在下位[60],朝夕处

3

事[61]，犹恐忘先人之业[62]，况有怠惰，其何以避辟[63]？吾冀而朝夕修我[64]，曰'必无废先人[65]'。尔今曰'胡不自安[66]？'以是承君之官[67]，余惧穆伯之绝嗣也[68]。"

又曰："昔者武王罢朝[69]，而结丝纮绝[70]，左右顾无可使结之者[71]，俯而自申之[72]，故能成王道[73]；桓公坐友三人[74]，谏臣五人[75]，日举过者三十人[76]，故能成霸业[77]；周公一食而三吐哺[78]，一沐而三握发[79]，所执贽而见于穷闾隘巷者七十余人[80]，故能存周室[81]。彼二圣一贤者，皆霸王之君也[82]，而下人如此[83]。其所与游者[84]，皆过己者也[85]，是以日益而不自知也[86]。今以子年之少而位之卑，所与游者，皆为服役[87]，子之不益，亦以明矣。"

注释

[1] 敬姜：据《列女传》载，敬姜为春秋时鲁国贤母。大夫公父穆伯之妻，公父文伯之母。号戴己。莒（今山东省莒县）人。穆伯早亡，敬姜守寡，教子有方，得到孔子肯定。

[2] 公父文伯：鲁国大夫穆伯之子，姓公父，名歜，谥号文伯。

[3] 朝：古代臣见君、子见父母叫朝。此指拜见母亲。

[4] 绩：纺麻。

[5] 以：象。 歜：公父文伯自称其名。

[6] 主：此指家长。

[7] 惧：恐怕。 忏（gān）：触犯。 季孙：指季孙肥。春秋鲁国大夫。卒谥"康"，因称季康子。敬姜为季孙文从祖叔母。

[8] 僮子：孩子。 备官：充数做官。

[9] 居：坐下。

[10] 女（rǔ）：通"汝"。你。

[11] 圣王:指德才超群达于至境的帝王。 处:安顿,治理。
[12] 瘠(jí)土:不肥沃的土地。 处:居住。
[13] 王(wàng):统治,称王。
[14] 逸:闲适,安乐。 淫:放纵,恣肆。
[15] 不材:喻才能平庸。
[16] 向义:归附正义。
[17] 大采:古代天子祭日所穿的礼服。 朝日:古代帝王祭日之礼,在春分之日举行。
[18] 三公:古代中央三种最高官衔的合称。太师、太傅、太保为三公。一说以司马、司徒、司空为三公。 九卿:古代中央政府的九个高级官职。历朝九卿名称、司职各有不同,周以少师、少傅、少保、冢宰、司徒、宗伯、司马、司寇、司空为九卿。祖识:熟习知悉。 地德:大地的本性,大地的德化恩泽。
[19] 日中:正午。 考政:问政。咨询或讨论为政之道。
[20] 与:干预。 政事:政务。
[21] 师尹:各属官之长。 维:和、与。 旅、牧、相:都是古代官名。旅,周代官名,相当于下士,即下大夫,负责处理各种事物的官吏。牧,州的长官。相,百官之长,古代辅佐帝王的大臣。
[22] 宣序:全面安排。
[23] 少采:黼(fǔ)衣。绣有黑白斧形的礼服。 夕月:古代帝王祭月的仪式,在秋分日举行。
[24] 太史:官名。春秋时太史掌管记载史事,编写史书,起草文书,兼管国家典籍和天文历法等。 司载:官名。负责考察天文。 纠虔(qián)天刑:纠,恭;虔,敬;天刑,上天的法则。纠虔天刑,意指恭敬观察上天显示的吉凶。

[25] 日入:太阳落下去。 监:视,监督。 九御:即女御。宫中女官,掌女工及侍御之事。

[26] 洁:洁净。 奉:献。 禘(dì)郊:天子祭祀始祖和天神的大典。 粢盛(zī chéng):古代盛在祭器内以供祭祀的谷物。

[27] 即安:犹就枕。指休息。

[28] 诸侯:古代天子分封并受天子统辖的列国国君。朝(zhāo):早晨。 修:从事,操持。 业命:国事与政令。

[29] 昼:白天。 考:考察。 国职:指诸侯国的政务。

[30] 省:视察,察看。 典刑:常法。

[31] 儆:告诫,警告。 百工:百官。

[32] 慆(tāo)淫:怠慢放纵。

[33] 卿大夫:西周、春秋时天子及诸侯所分封的臣属。任重要官职,辅佐国君,并纳贡赋,服役。 职:职分,职责。

[34] 讲:谋划。 庶政:各种政务。

[35] 序:按次序排列。引申为整理。

[36] 庀(pǐ):治理,料理。

[37] 士:古代诸侯设上士、中士、下士,士的地位次于大夫。受业:在朝廷受事。

[38] 讲贯:犹讲习。讲议研习。

[39] 习复:即复习。

[40] 计过:计算、检讨过失。

[41] 庶人:西周、春秋时对农业生产者的称谓。后指平民、百姓。

[42] 明:天亮,黎明。 动:劳作。

[43] 晦:晚上,夜。 休:停止。

[44] 无日:没有一天。 怠:懈怠,懒惰。

[45] 王后:天子的嫡妻。 玄纮(dǎn):古代礼冠上系塞耳玉的丝带。

[46] 公侯:公爵与侯爵。泛指有爵位的贵族和官高位显的人。 加:指织玄纮外加织纮綖。 纮(hóng):古代官冕上的带子。由颔下向上系在笄的两端,垂下部分为缨。綖(yán):古代冠冕上的装饰。

[47] 内子:古代称卿大夫的嫡妻。 大带:古代贵族礼服用带,有革带、大带之分。革带系佩韨,大带加于革带之上,用素或练制成。

[48] 命妇:大夫之妻。 祭服:古代祭祀时所穿的礼服。

[49] 列士:即元士。古称天子的上士。别于诸侯之士。一说为古时上士、中士和下士的统称。 朝服:君臣朝会时穿的礼服。

[50] 庶士:官府小吏。

[51] 衣其夫:给丈夫缝制衣服。

[52] 社:谓春分祭土地神。 赋事:指承担劳作之事。

[53] 烝:古代指冬祭,亦泛指祭祀。 献功:谓在冬祭时奉献谷、帛等。

[54] 效绩:效劳,立功。

[55] 愆(qiān):违背,违失。 辟:罪,过失。

[56] 制:法度,制度。

[57] 训:教导,教诲。

[58] 淫心:放纵其心。 舍力:保留其力气。

[59] 寡:指丧夫。

[60] 尔:你。 下位:低下的地位。指为大夫。

[61] 处事:处理事务。

[62] 先人:前人。

[63] 避辟:免受法律制裁。

[64] 冀:希望。　而:同"尔"。你。　修:儆戒,警戒。

[65] 废:旷废,败坏。

[66] 胡:为什么。　自安:自谋安乐。

[67] 承君之官:承担君王的官职。

[68] 余:我。　穆伯:公父文伯之父,敬姜之夫。　绝嗣:断绝嗣续。即无后代子孙。

[69] 武王:指周武王姬发。西周王朝的建立者。姬姓,名发。继承其父遗志,联合庸、蜀、羌、髳、微、卢、彭、濮等族,率军东攻,与纣战于牧野(今河南省汲县北),灭殷,建立周王朝,分封诸侯,建都镐京(今陕西省西安市)。罢朝:退朝。

[70] 结:系,扎缚。　袜(mò):袜肚,腰巾。古人用以束衣。绝:断,解开。

[71] 左右:近臣,侍从。

[72] 申:束,缚。

[73] 王道:儒家提出的一种以仁义治天下的政治主张。与霸道相对。

[74] 桓公:即齐桓公(?—前643)。春秋时齐国君。姜姓,名小白。公元前685—前643年在位。即位后,任用管仲进行改革,使国力强盛;以"尊王攘夷"号召诸侯,借以发展自己的势力,成为春秋时第一个霸主。

[75] 谏臣:直言规劝之臣。

[76] 举:称,言说。　过:过错,过失。

[77] 霸业:指称霸诸侯或维持霸权的事业。

[78] 周公:姬姓,名旦,亦称叔旦。西周初期政治家。文王之子,武王之弟。因封地在周(今陕西省岐山北),称周公。曾助武王灭商,武王死后,成王年幼,由他摄政。

[79] 一食三吐哺,一沐三握发:即"吐哺握发"的典故。据

《韩诗外传》载,"成王封伯禽于鲁,周公戒之曰:'往矣! 子无以鲁国骄士。吾文王之子,武王之弟,成王之叔也,又相天子,吾于天下亦不轻矣,然一沐三握发,一饭三吐哺,犹恐失天下之士。'"后因以"一食三吐哺""一沐三握发"比喻为国家礼贤下士,殷切求才。

[80] 执赞(zhì):执,持。赞,初见人时所持的礼物。执赞,古代礼制,谒见人时携礼物相赠。 穷闾(lú)陋巷:陋巷,穷人所居狭窄的里巷。

[81] 存:保存,保全。 周室:周王朝。

[82] 霸王:霸与王。古称有天下者为王,诸侯之长为霸。

[83] 下人:对人谦让。

[84] 游:结交的朋友。

[85] 过:越过,超过。

[86] 日益:谓天天有所进益、长进。 不自知:自己不知道。

[87] "今以"三句:指文伯游学而还,他的朋友像事奉父兄一样敬奉他,而文伯泰然处之。敬姜因此而教育他。 服役:弟子,仆役。

训 子 语

[战国]子发母[1]

子发攻秦绝粮[2],使人请于王[3],因归问其母[4]。母问使者曰:"士卒得无恙乎[5]?"对曰:"士卒并分菽粒而食之[6]。"又问:"将军得无恙乎?"对曰:"将军朝夕刍豢黍粱[7]。"子发破秦而归[8],其母闭门而不内[9],使人数之曰[10]:"子不闻越王勾践之伐吴耶[11]?客有献醇酒一器者[12],王使人注江之上流[13],使士卒饮其下流。味不及加美[14],而士卒战自五也[15]。异日有献一囊糗糒者[16],王又以赐军士,分而食之,甘不足逾嗌[17],而战自十也。今子为将:士卒并分菽粒而食之,子独朝夕刍豢黍粱,何也?《诗》不云乎[18]?'好乐无荒,良士休休[19]。'言不失和也[20]。夫使人入于死地,而自康乐于其上[21],虽有以得胜,非其术也[22]。子非吾子也,无入吾门。"子发于是谢其母[23],然后内之。君子谓子发母能以教诲。《诗》云:"教诲尔子,式榖似之[24]。"此之谓也。

注释

[1] 子发母:姓名及生平不详。其子子发,名舍,不知其姓。春秋时为战国时楚国令尹;《淮南子·道应训》说子发为楚宣王之将。

[2] 绝粮:断绝了粮食。

[3] 请于王:向国君请求增加粮食。

[4] 问:问候。

[5] 无恙(yàng):无灾祸,平安无事。

[6] 菽:豆类的总称。

[7] 刍豢:牛羊猪狗类的家畜。此指肉类食品。 黍粱:指精美的饭食。

[8] 破秦:打败秦国。

[9] 内(nà):"纳"的古字。使进入(家门)。

[10] 数(shǔ):数说,责备。

[11] 勾践(?—前465):春秋末年越国国君。曾被吴国大败,屈服求和。他卧薪尝胆,刻苦图强,任用范蠡、文种等人整顿国政,十年生聚,十年教训,终于转弱为强,灭亡吴国。继在徐州(今山东省滕州南)大会诸侯,成为霸主。在位三十二年卒。

[12] 醇酒:味道醇厚的酒。

[13] 注:倒入。

[14] 味不及加美:味道并不更加甘美。

[15] 战自五:指士兵们作战自能五倍地英勇。

[16] 糗糒(qiǔ bèi):干粮。

[17] 嗌(yì):咽喉。

[18] 《诗》:《诗经》的简称。儒家经典之一。编成于春秋时代,共三百零五篇,分"风""雅""颂"三大类。是中国最早的诗歌总集。

[19] "好乐无荒"二句:语出《诗经·唐风·蟋蟀》。荒,享乐过度;休休,安闲的样子。这两句诗意是,喜欢享乐不要过度,贤良之士就能安闲自得。

[20] 和:和顺。

[21] 康乐:安乐。这里指享受安乐。
[22] 术:方法,措施。
[23] 谢:认罪。
[24] "教诲尔子"二句:出自《诗经·小雅·小宛》。式,用;穀,善。这两句诗意是,教育你的孩子,要用善道教他们做好事。

择邻而居

[战国]孟母[1]

邹孟轲之母也[2],号孟母,其舍近墓。孟子之少也,嬉游为墓间之事,踊跃筑埋[3]。孟母曰:"此非吾所以居处子也[4]。"乃去[5],舍市傍[6]。其嬉戏为贾人衒卖之事[7]。孟母又曰:"此非吾所以居处子也。"复徙[8],舍学宫之傍[9]。其嬉游乃设俎豆[10],揖让进退[11]。孟母曰:"真可以居吾子矣。"遂居之。及孟子长[12],学六艺[13],卒成大儒之名[14]。君子谓孟母善以渐化[15]。

注释

[1] 孟母:战国时期思想家、政治家、教育家孟轲之母。姓仉。曾三次迁居,选择良邻;断所织之布,以激励其子勤奋学习。旧时奉为贤母的典范,世称"孟母"。

[2] 孟轲(约前372—前289):字子舆,邹(今山东省邹城市东南)人。战国时期思想家、政治家、教育家。受业于子思的门人。历游齐、宋、滕、魏等国,未被用,退而与弟子万章等著书立说。继承孔子学说,被尊为"亚圣"。著有《孟子》。

[3] 筑埋:筑穴埋葬。

[4] 居处:安置,处置。

[5] 去:离开。

[6] 舍:指居住。 傍:通"旁"。

[7] 贾(gǔ)人:古代指设店铺售货的商人,即坐商。
衒(xuàn)卖:叫卖,出卖。

[8] 徙(xǐ):迁移,移居。

[9] 学宫:学校。

[10] 俎(zǔ)豆:俎和豆。古代祭祀、宴飨时盛食物用的两种礼器。亦泛指各种礼器。

[11] 揖(yī)让:指宾主相见的礼仪。

[12] 及:到。 长:长大。

[13] 六艺:指礼、乐、射、御、书、数六种科目。是古代学校的教育内容。

[14] 卒:最终。

[15] 渐化:即用环境影响渐次感化。

断织劝学

[战国]孟 母

孟子之少也,既学而归。孟母方绩[1],问曰:"学何所至矣[2]?"孟子曰:"自若也[3]。"孟母以刀断其织[4]。孟子惧而问其故。孟母曰:"子之废学,若吾断斯织也。夫君子学以立名,问则广知[5],是以居则安宁,动则远害。今而废之,是不免于厮役[6],而无以离于祸患也[7],何以异于织绩而食,中道废而不为[8]?宁能衣其夫子而长不乏粮食哉[9]?女则废其所食,男则堕于修德,不为盗窃,则为虏役矣[10]。"孟子惧,旦夕勤学不息[11],师事子思[12],遂成天下之名儒。君子谓孟母知为人母之道矣。

注释

[1] 方:正在。

[2] 学何所至:指学到了什么程度。

[3] 自若:依然如故,和原来一样。言外之意,指荒废了学业。

[4] 断其织:割断正在织的布。

[5] 问:向别人请教,询问。 广知:使知识广博。

[6] 厮役:这里指干粗活、杂活的使役之人。

[7] 无以:没有什么办法。

[8] 中道:中途、半路。

[9] 宁能:怎能。 衣其夫子:为她的丈夫织衣。
[10] 虏役:奴仆。
[11] 旦夕:日夜,每天。
[12] 师事:用师礼侍奉。 子思(前483—前402):战国初哲学家。姓孔,名伋。孔子之孙。其学说以"中庸"为核心。相传他曾受业于孔子弟子曾子。后代尊为"述圣"。孟子发展其学说,形成思孟学派。现存《礼记》中的《中庸》《表记》《坊记》等,相传是他的著作。

教 子 勿 欺

[战国]孟　母

孟子少时,东家杀豚[1]。孟子问其母曰:"东家杀豚何为?"母曰:"欲啖女[2]。"其母自悔失言曰:"吾怀妊是子,席不正不坐,割不正不食,胎教之也。今适有知而欺之[3],是教之不信也[4]。"乃买东家豚肉以食之,明不欺也[5]。

注释

[1]　东家:指东邻。　豚(tún):小猪。这里泛指猪。
[2]　欲啖(dàn)女:啖,本义为"吃",这里是"给吃"的意思;女(rǔ),通"汝",你。欲啖女,要给你吃。
[3]　适:正巧,恰好在这个时候。　知:通"智"。智慧。这里指懂事。
[4]　信:守信用,实践诺言。
[5]　明:表明,证明。

教子勿贪

[战国]田稷子母[1]

吾闻士修身洁行[2],不为苟得[3]。竭诚尽实[4],不行诈伪[5],非义之事[6],不计于心[7];非礼之利[8],不入于家。言行若一,情貌相逼[9],故交友亲而相结固[10]。夫以匹士相与犹然[11],况于受禄之臣乎[12]?今君设官以待子[13],厚禄以奉子[14],言行备则可以报君[15]。夫为人臣而事其君[16],犹为人子而事其父也[17]。尽力竭能[18],忠信不欺[19],务在效忠[20],必死奉命[21],廉洁公正,故志遂而无患[22]。今子反是,远忠矣。夫为人臣不忠,是为人子不孝也。不义之财,非吾有也;不孝之子,非吾子也。

注释

[1] 田稷子母:生平事迹不详。其子田稷子,战国齐人。齐宣王时为相。因收受贿赂,被其母责怪,自觉惭愧,送还金钱,并向齐宣王自首,请求处罚。宣王很赞赏田母的义举,赦免田稷子,让他继续做国相。此文是田稷子母责子之言。

[2] 士:智者、贤者。泛指读书人。 修身洁行:谓自我修养身心,保持操行高洁。

[3] 不为:不做,不干。 苟得:不该得而得。

[4] 竭诚:竭尽忠诚。

[5] 诈伪:欺诈虚伪。
[6] 非义:不合乎道义。
[7] 计:谋划。
[8] 非礼:不合礼法。　利:利益,好处。
[9] 情貌:神情与面貌。　相逼:相近。
[10] 交友:交朋友。　亲:指交友关系密切,感情深厚。　相结:相互结交。　固:稳固,安定。
[11] 匹士:即士。因其地位低微,故称。　相与:相处,相交往。　犹然:尚且如此。
[12] 受禄:接受俸禄。
[13] 设官:设置官职爵位。　子:你。
[14] 厚禄:优厚的俸禄。　奉:给予。
[15] 备:周至。　报:报效,报答。
[16] 人臣:臣下,臣子。　事:侍奉。
[17] 人子:指子女。
[18] 竭能:尽其所能。
[19] 忠信:忠诚信实。
[20] 务:要紧的事,重要的事。　效忠:竭尽忠诚。
[21] 奉命:接受使命。
[22] 遂:如愿。　患:祸患,灾难。

教 子 言

[汉]杜泰姬[1]

中人情性[2],可上下也[3],在其检耳[4]。若放而不检[5],则入恶也[6]。昔西门豹佩韦以自宽[7],宓子贱带弦以自急[8],故能改身之恒[9],为天下名士。

注释

[1] 杜泰姬:东汉南郑(今属陕西省)人。太守赵宣之妻。

[2] 中人:这里就才德而言,被列为中间一等的人,即普通人。

[3] 上下:这里指进步和退步。

[4] 检:约束,检点。

[5] 放:自我放纵。

[6] 入恶(è):即变坏。

[7] 西门豹:战国魏人。名豹。魏文侯时为邺县(今河北省临漳县西南邺镇)令。曾组织民众引漳河水灌溉,促进了农业生产的发展;又革除邺县为河伯娶妻恶俗,政绩卓著,深受民众欢迎。他性情急躁,常佩戴柔韧的皮绳以自警。 自宽:自我宽慰。这里是自我警戒的意思。

[8] 宓子贱:即宓不齐,字子贱。春秋时鲁国人。孔子学生。曾任单父(今山东省单县南)宰,身不下堂,弹着琴

便能治理好政事。传说宓子贱性缓,常携带绷紧的弓弦以自警。著有《宓子》一书。　自急:急,同"激"。自急,自我刺激。

[9]　恒:常态。这里指不良习惯。

戒 诸 女

[汉]杜泰姬

吾之妊身[1],在乎正顺[2]。及其生也,思存于抚爱[3]。其长之也,威仪以先后之[4],礼貌以左右之[5],恭敬以监临之[6],勤恪以劝之[7],孝顺以内之,忠信以发之,是以皆成,而无不善。汝曹庶几勿忘吾法也[8]。

注释

[1] 妊身:怀孕,身孕。
[2] 正顺:指孕妇保持身体端正,心情顺畅。
[3] 思:心思。
[4] 威仪:庄重的举止和礼仪。 先后:辅助。
[5] 左右:帮助,辅佐。
[6] 监临:监督。
[7] 勤恪:勤勉谨慎。
[8] 法:指教子的方法。

勉子从大义

[汉]赵苞母[1]

赵苞[2],字威豪。迁辽西太守[3]。遣使迎母及妻子,垂当到郡[4],道经柳城[5],值鲜卑万余人入塞寇钞[6]。苞母及妻子遂为所劫质[7],载以击郡。苞率步骑二万,与贼对阵。贼出母以示苞。苞悲号谓母曰:"为子无状[8],欲以微禄奉养朝夕[9],不图为母作祸。昔为母子,今为王臣,义不得顾私恩,毁忠节。唯当万死,无以塞罪[10]!"母遥谓曰:"威豪,人各有命,何得相顾,以亏忠义[11]?昔王陵母对汉使伏剑[12],以固其志[13],尔其勉之![14]"苞即时进战,贼悉摧破。其母妻皆为所害。

注释

[1] 赵苞母:东汉辽西太守赵苞之母,生平事迹不详。她教育儿子不能因私害公。

[2] 赵苞(?—177):字威豪,东汉甘陵东武城(今山东省武城西)人。举孝廉,任广陵令,政教清明,迁辽西太守。

[3] 迁:升迁。辽西:郡名。战国燕置。秦汉治所在阳乐(今辽宁省义县西)。

[4] 垂:将近。

[5] 柳城:古县名。西汉置,治所在今辽宁省朝阳南。为辽

西郡西部都尉治所。
[6] 值：正值。　鲜卑：我国古代北方的一个少数民族。塞(sài)：险要之处。多指边界上可以据险固守的要地。亦指边界。　寇钞：即寇抄。攻劫掠夺。
[7] 质：做人质。
[8] 无状：罪不可言状。
[9] 微禄：微薄的俸禄。
[10] 塞(sài)：弥补，抵偿。
[11] "何得相顾"句：大意是，怎能为顾及母亲、妻子而损害忠义？
[12] 王陵母：汉初大臣王陵之母。楚汉战争时，其子王陵归附刘邦。项羽以王母为人质招降王陵，王母不屈，伏剑而死。
[13] 固：坚定。
[14] 勉：努力。

女　诫[1]

[汉]班　昭[2]

鄙人愚暗[3],受性不敏[4],蒙先君之余宠[5],赖母师之典训[6]。年十有四,执箕帚于曹氏[7],于今四十余载矣。战战兢兢[8],常惧黜辱[9],以增父母之羞[10],以益中外之累[11]。夙夜劬心[12],勤不告劳[13],而今而后[14],乃知免耳[15]。吾性疏顽[16],教导无素[17],恒恐子谷负辱清朝[18]。圣恩横加[19],猥赐金紫[20],实非鄙人庶几所望也[21]。男能自谋矣[22],吾不复以为忧也。但伤诸女方当适人[23],而不渐训诲[24],不闻妇礼[25],惧失容它门[26],取耻宗族[27]。吾今疾在沉滞[28],性命无常[29],念汝曹如此[30],每用惆怅[31]。间作《女诫》七章[32],愿诸女各写一通[33],庶有补益[34],裨助汝身[35]。去矣[36],其勖勉之[37]！

注释

[1] 《女诫》:也作《女戒》。东汉史学家班昭著。共七篇。本为班昭教育勉励诸女之作,后被奉为女子修身必读书。书中强调女子修养道德,与男子平等受教育、勤俭持家、谦让恭敬、和睦家人等,至今仍有借鉴意义。但所宣扬的男尊女卑、三从四德等封建伦理,则应摒弃。

[2] 班昭(约49—约120):东汉史学家。一名姬,字惠班,扶风安陵(今陕西省咸阳东北)人。史学家班彪之女,

班固之妹。嫁于曹世叔为妻。曹氏早卒,班昭守节。她继承父兄之志,续完《汉书》。汉和帝时,常出入宫廷,皇后及诸贵人皆师事之,尊称为曹大家(gū)。著有《东征赋》《女诫》等。

[3] 鄙人:谦辞。旧时用做自称。　愚暗:愚钝而不明事理。

[4] 受性:犹赋性、生性。　敏:聪慧。

[5] 蒙:敬辞。承蒙。　先君:指已故的父亲。　余宠:指先代的遗泽。

[6] 母师:指傅母与女师。傅母,古时负责辅导、保育贵族子女的老年妇女;女师,古代掌管教养贵族子女的女教师。典训:准则性的训示。

[7] 执箕帚:谓执簸箕、扫帚做洒扫一类的事情。多指出嫁。

[8] 战战兢兢:畏惧、谨慎的样子。

[9] 黜(chù)辱:贬斥受辱,贬斥侮辱。

[10] 增:增添,添加。

[11] 益:增加。　中外:家庭内外,家人和外人。　累:忧患,累赘。

[12] 夙(sù)夜:朝夕,日夜。　劬(qú)心:劬,劳累。劬心,劳心。

[13] 告劳:向别人诉说自己的劳苦。

[14] 而今而后:从今以后。

[15] 乃:仅仅,只。　免:同"勉"。尽力,努力。

[16] 疏顽:懒散顽顿。

[17] 无素:不经常。

[18] 恒:经常,常常。子谷:即曹成,字子谷。班昭之子。封关内侯,官至齐相。　清朝:清明的朝廷。

[19] 圣恩:帝王的恩宠。
[20] 猥:谦词。犹辱、承。 金紫:即金印紫绶。金黄的印章和系印的紫色绶带。古代相国、丞相、太尉、大司空、太傅、太师、太保、前后左右将军及六宫后妃所掌。也作为表示品级的服饰。
[21] 庶几(jī):有幸,也许可以。
[22] 谋:谋求,谋生。
[23] 伤:忧思。 方当:将要。 适人:指女子出嫁。
[24] 渐:习染,熏染。 训诲:教导。
[25] 闻:学习。
[26] 失容:此指失去丈夫的喜爱。
[27] 取耻宗族:使同宗族的人遭受耻笑。
[28] 疾:病。 沉滞:指疾病沉重,经久不愈。
[29] 无常:人死的婉词。
[30] 汝曹:你们。
[31] 每:常常,屡次。 用:连词。因而,因此。 惆怅:因失意或失望而伤感懊恼。
[32] 间(jiàn)作:间断地写作。
[33] 各写一通:即各自抄写一遍。
[34] 庶:希望,或许。 补益:裨补,助益。
[35] 裨助:增益,补益。
[36] 去:从今以后。
[37] 勖(xù)勉:勉励。

卑弱第一[1]

古者生女三日,卧之床下[2],弄之瓦砖[3],而斋告焉[4]。卧之床下,明其卑弱[5],主下人也[6];弄之瓦砖,明其习劳,主执勤也[7];斋告先君[8],明当主继祭祀也[9]。三者盖女人之常道[10],礼法之典教矣[11]。谦让恭敬,先人后己,有善莫名[12],有恶莫辞[13],忍辱含垢[14],常若畏惧,是谓卑弱下人也。晚寝早作[15],勿惮夙夜[16],执务私事[17],不辞剧易[18],所作必成,手迹整理[19],是谓执勤也。正色端操[20],以事夫主[21],清静自守[22],无好戏笑,洁齐酒食[23],以供祖宗,是谓继祭祀也。三者苟备[24],而患名称之不闻[25],黜辱之在身,未之见也。三者苟失之,何名称之可闻,黜辱之可远哉[26]?

注释

[1] 卑弱:卑微柔弱。

[2] 卧之床下:让婴儿躺在床下。

[3] 弄之瓦砖:《诗经·小雅·斯干》中有"乃生女子,载弄之瓦"句。弄,耍弄。瓦砖,纺砖,泥土烧制的纺锤,古代妇女纺织所用。后因称生女为"弄瓦",含有希望她将来能胜任女工之意。

[4] 斋告:斋戒以告先人。

[5] 明:表明。

[6] 下人:对人卑下。

[7] 执勤:从事劳作。

[8] 先君:自己的祖先。

[9] 继祭祀:古代指女子为人妻,能循法度,可以继承先祖,为祭祖供奉祭品。

[10] 常道:一定的法则,规律。

[11] 典教:典章教化。

[12] 有善莫名:不贪名声,不自矜夸。

[13] 辞:辩解,分说。

[14] 垢:通"诟"。污辱。

[15] 作:起,起床。
[16] 惮:畏难,畏惧。
[17] 执务:操持,担任。 私事:私下侍奉。
[18] 剧易:艰难。
[19] 手迹:亲自从事。 整理:料理,安排。
[20] 正色:神色庄重,态度严肃。 端操:正直的操守。
[21] 夫主:丈夫。旧以丈夫为家主,故称。
[22] 清静:指心性纯正恬静。 自守:自坚其操守。
[23] 洁齐:指祭祀用品清洁整齐。
[24] 苟:如果。 备:齐备,具备。
[25] 而:却。 患:忧虑,担心。 名称:名声。 闻:有名,著称。
[26] 远:离开,避开。

夫妇第二

夫妇之道,参配阴阳[1],通达神明[2],信天地之弘义[3],人伦之大节也[4]。是以《礼》贵男女之际[5],《诗》著《关雎》之义[6]。由斯言之[7],不可不重也。夫不贤[8],则无以御妇[9];妇不贤[10],则无以事夫。夫不御妇,则威仪废缺[11];妇不事夫,则义理堕阙[12]。方斯二事[13],其用一也[14]。察今之君子,徒知妻妇之不可不御[15],威仪之不可不整[16],故训其男,检以书传[17],殊不知夫主之不可不事,礼义之不可不存也。但教男而不教女,不亦蔽于彼此之数乎[18]?《礼》[19],八岁始教之书,十五而至于学矣[20]。独不可依此为则哉[21]!

注释

[1] 参配:匹配。

[2] 通达:沟通传达。 神明:天地间一切神灵的总称。

[3] 信(shēn);通"伸"。伸张。 弘义:大义,正道。

[4] 人伦:封建礼教所规定的人与人之间的关系,特指尊卑长幼之间的等级关系。 大节:基本的法纪、纲纪。

[5] 《礼》:即《礼记》。亦称《小戴礼记》。儒家经典之一。相传由西汉戴圣编纂,共四十九篇。是秦、汉以前各种礼仪论著的选集。 际:男女关系的规范、准则。

[6] 《关雎》:《诗经·周南》篇名。古人认为,此诗是歌咏后妃之德的,要得贤女,以配君子。现代研究者认为是描写上层社会男女爱情的作品。

[7] 斯:此。

[8] 贤:有德行、多才能。

[9] 御:控制,约束。

[10] 贤:优良,美善。

[11] 威仪:威严的法度。

[12] 义理:合乎一定伦理道德的行事准则。 堕阙:指毁坏废弃。

[13] 方:并列。

[14] 用:功用,作用。

[15] 徒:只,仅仅。

[16] 整:严整。

[17] 检:考查,察验。 书传(zhuàn):著作,典籍。

[18] 数:命运。

[19] 《礼》:此指《大戴礼记》。西汉戴德编纂。共八十五篇。

[20] "八岁"二句:语出《大戴礼记·保傅》:"古者,八岁而

出就外舍,学小艺焉,履小节焉;束发而就太学,学大艺焉,履大节焉。"束发,指古代男孩成童,把头发束成一髻。据《礼记·内则》载,十五岁为男孩成童年龄。

[21] 独:岂,难道。 则:准则,规矩。

敬 慎 第 三

阴阳殊性[1],男女异行[2]。阳以刚为德,阴以柔为用[3];男以强为贵,女以弱为美。故鄙谚有云[4]:"生男如狼,犹恐其尪[5];生女如鼠,犹恐其虎。"然则修身莫若敬[6],避强莫若顺。故曰:"敬顺之道,妇人之大礼也。"夫敬非它[7],持久之谓也[8];夫顺非它,宽裕之谓也[9]。持久者,知止足也[10];宽裕者,尚恭下也[11]。夫妇之好,终身不离。房室周旋[12],遂生媟黩[13]。媟黩既生,语言过矣[14];语言既过,纵恣必作[15];纵恣既作,则侮夫之心生矣[16]。此由于不知止足者也。夫事有曲直[17],言有是非,直者不能不争[18],曲者不能不讼[19],讼争既施[20],则有忿怒之事矣。此由于不尚恭下者也。侮夫不节[21],谴呵从之[22];忿怒不止,楚挞从之[23]。夫为夫妇者,义以和亲[24],恩以好合[25]。楚挞既行,何义之存?谴呵既宣[26],何恩之有?恩义俱废,夫妇离矣。

注释

[1] 殊性:性质不同。
[2] 异行:素质不同。
[3] "阳以刚为德"二句:《周易》有乾、坤两卦,分指阳、阴两性势力,乾德为刚健,坤德为柔顺。
[4] 鄙谚:俗语。
[5] 尪(wāng):孱弱。

[6] 修身:修养身心。

[7] 夫:句首助词。无义。

[8] 持久:保持长久。

[9] 宽裕:宽大,宽容。

[10] 知止足:意思是知止知足,不奢求。

[11] 尚:崇尚。 恭下:恭顺,谦退。

[12] 周旋:辗转相追逐。指妻子对丈夫不敬重。

[13] 媟黩(xiè dú):亦作"媟渎""媟嫟"。亵狎,轻慢。

[14] 过:过分,太甚。

[15] 纵恣:肆意放纵。 作:产生。

[16] 侮夫:欺侮、轻慢丈夫。

[17] 曲直:是非,有理无理。

[18] 争:争辩。

[19] 讼:争论,争吵。

[20] 施:施行,施用。

[21] 不节:不节制。

[22] 谴呵:谴责,呵叱。 从之:即跟随而来。

[23] 楚挞:杖打。

[24] 义:指情义。 和亲:和睦相亲。

[25] 恩:指恩爱。 好合:情投意合。

[26] 宣:宣泄。

妇行 第四

女有四行[1]:一曰妇德[2],二曰妇言[3],三曰妇容[4],四曰妇功[5]。夫云妇德,不必才明绝异也[6];妇言,不必辩口利辞也[7];妇容,不必颜色美丽也;妇功,不必功巧过人也[8]。清闲贞静[9],守节整齐[10],行己有耻[11],动静有法[12],是谓妇德[13]。择辞而说,不道恶语,时然后言[14],不厌于人[15],是谓妇言。盥浣尘秽[16],服饰鲜洁,沐浴以时[17],身不垢辱[18],是谓妇容。专心纺绩[19],不好戏笑,洁齐酒食,以奉宾客,是谓妇功。此四者,女人之大德[20],而不可乏之者也[21]。然为之甚易[22],唯在存心耳[23]。古人有言:"仁远乎哉?我欲仁,而仁斯至矣[24]。"此之谓也。

注释

[1] 四行(xíng):旧时妇女所应遵从的四种德行。即《礼记·昏义》中所规定的"妇德""妇言""妇容""妇功"。

[2] 妇德:旧指女子贞顺的德行。

[3] 妇言:旧指女子的言辞。

[4] 妇容:旧时指女子端庄柔顺的容态。

[5] 妇功:旧指妇女所从事的纺织、刺绣、缝纫等事。

[6] 才明:才智明敏。 绝异:独特不凡。

[7] 辩口利辞:善于辞令,能言善辩。

[8] 功巧:功,一作"工"。功巧,技艺高明。

[9] 清闲:清静娴淑。 贞静:端庄恬静。

[10] 守节:坚守节操。 整齐:端正。

[11] 行己:指立身行事。 有耻:即有羞耻之心。

[12] 动静有法:指行动举止合乎法度规矩。

[13] 是:这。 谓:叫作。

[14] 时:适时,合于时宜。

[15] 不厌于人:不被人厌烦。

[16] 盥浣(guàn huàn):浣洗,洗涤。

[17] 沐浴以时:按时洗澡。

[18] 垢辱:污垢,污浊。

[19] 纺绩:纺,纺丝;绩,绩麻。纺绩,把丝麻等纤维纺成纱

[20] 大德:品德高尚。

[21] 乏:缺少。

[22] 为(wéi):做。

[23] 存心:专心,用心,着意。

[24] "仁远乎哉"三句:出自《论语·述而》。大意是,仁距离我们很远吗?我想要仁,这个仁就来了。

专心第五

《礼》[1],夫有再娶之义[2],妇无二适之文[3],故曰:"夫者,天也[4]。"天固不可逃[5],夫固不可离也。行违神祇[6],天则罚之;礼义有愆[7],夫则薄之[8]。故《女宪》曰:"得意一人,是谓永毕;失意一人,是谓永讫[9]。"由斯言之,夫不可不求其心。然所求者,亦非谓佞媚苟亲也[10],固莫若专心正色[11]。礼义居洁[12],耳无途听[13],目无邪视,出无冶容[14],入无废饰[15],无聚会群辈[16],无看视门户[17],此则谓专心正色矣。若夫动静轻脱[18],视听陕输[19],入则乱发坏形,出则窈窕作态[20],说所不当道,观所不当视,此谓不能专心正色矣。

注释

[1] 《礼》:指《仪礼》,亦称《礼经》或《士礼》。儒家经典之一,春秋战国时代部分礼制的汇编。一说周公制作,一说孔子订定。近人研究认为,成书当在战国初期至中叶。

[2] "夫有"句:据《仪礼·丧服·子夏传》载:"父在为母,何以期?至尊在,不敢伸也。父必三年而后娶,达子志也。"故有此说。

[3] "妇无"句:适,指女子出嫁。此句的意思是,《仪礼》中没有女子改嫁的文字记载。

[4] "夫者"二句:语出《仪礼·丧服·子夏传》:"夫者,妻之天也。"大意是,丈夫是妻子所依赖的对象。

[5] 逃:脱离,离开。

[6] 神祇:天神与地神。泛指神灵。

[7] 礼义:礼法道义。 愆(qiān):违反。

[8] 薄:轻视,鄙薄。

[9] "得意一人"四句:大意是,使夫君满意称心,则和谐毕生;失去这些,女人的一切则永远休止。

[10] 佞(nìng)媚苟亲:以谄媚苟且求亲欢。

[11] 正色:神色庄重、态度严肃。

[12] 居洁:保持清洁。

[13] 途听:道听途说,无根据的传说。

[14] 冶容:女子修饰得很妖媚。

[15] 废饰:罢妆,卸妆。

[16] 群辈:朋辈,同类。

[17] 看视门户:指站在门口东瞅西望。

[18] 轻脱:轻佻,放荡。

[19] 陕输:不定的样子。引申为轻佻。

[20] 窈窕(yǎo tiǎo):妖冶之态。

曲从第六[1]

夫得意一人,是谓永毕;失意一人,是谓永讫,欲人定志专心之言也[2]。舅姑之心[3],岂当可失哉?物有以恩自离者[4],亦有以义自破者也[5]。夫虽云爱,舅姑云非,此所谓以义自破者也。然则舅姑之心奈何[6]？固莫尚于曲从矣[7]。姑云不尔而是[8]，固宜从令[9]；姑云尔而非[10]，犹宜顺命[11]，勿得违戾是非[12]，争分曲直。此则所谓曲从矣。故《女宪》曰："妇如影响[13]，焉不可赏[14]。"

注释

[1] 曲从：委曲顺从。

[2] 定志：集中意志，专心。

[3] 舅姑：丈夫的父母。即公婆。

[4] 物：事务，事情。 自离：使自己与别人分离。

[5] 自破：指违背自己的意愿。

[6] 奈何：怎么样，怎么办。

[7] "固莫"句：尚，超过，引申为更好。这句的意思是，的确没有比委曲顺从更好的了。

[8] 不尔：不如此，不然。 是：正确。

[9] 宜：应当。 从令：犹遵命。

[10] 尔：如此，这样。

[11] 犹宜：更应该。

[12] 违戾：抵触，不一致。

[13] 如影响：影，影子；响，音响。如影响，如同影子随身、音响随声一样追随顺从。

[14] 焉：怎么。 赏：褒扬，赞赏。

和叔妹第七[1]

妇人之得意于夫主，由舅姑之爱己也[2]。舅姑之爱己，由叔妹之誉己也[3]。由此言之，我臧否誉毁[4]，一由叔妹[5]，叔妹之心，复不可失也。皆莫知叔妹之不可失，而不能和之以求亲[6]，其蔽也哉[7]！自非圣人，鲜能无过[8]，故颜子贵于能改[9]，仲尼嘉其不贰[10]，而况妇人者也？虽以贤女之行[11]，聪哲之性[12]，其能备乎[13]？是故室人和则谤掩[14]，内外离则恶扬，此必然之势也。《易》曰[15]："二人同心，其利断金；同心之言，其臭如兰[16]。"此之谓也。夫嫂妹者，体敌而尊[17]，恩疏而义亲。若淑媛谦顺之人[18]，则能依义以笃好[19]，崇恩以结援[20]，使徽美显章而瑕过隐塞[21]，舅姑矜善[22]，而夫主嘉美[23]，声誉曜于邑邻[24]，休光延于父母[25]。若夫蠢愚之人，于嫂则托名以自高[26]，于妹则因宠以骄盈[27]。骄盈既施，何和之有？恩义既乖[28]，何誉之臻[29]？是以美隐而过宣，姑忿而夫愠[30]，毁誉布于中外[31]，耻辱集于厥身[32]，进增父母之羞，退益君子之累[33]。斯乃荣辱之本，而显否之基也[34]。可不慎哉！然则求叔妹之心，固莫尚于谦顺矣。谦则德之柄[35]，顺则妇之行，凡斯二者[36]，足以和矣。《诗》云："在彼无恶，在此无斁[37]。"其斯之谓也。

注释

[1] 叔妹：丈夫的弟弟、妹妹。

[2] 由：因为，由于。

[3] 誉：称赞，赞誉。

[4] 臧否(pǐ)：褒贬。 毁誉：诋毁和赞誉。

[5] 一由：全由于。

[6] 亲：和睦。

[7] 蔽：弊端，病患。

[8] 鲜(xiǎn)：少。

[9] 颜子：指颜渊(前521—前490)，名回，字子渊。春秋末鲁国人。孔子弟子。贫居陋巷，箪食瓢饮，而不改其乐，孔子称赞他的德行。早卒，孔子极悲恸。后被封建统治者尊为"复圣"。 改：指改正过失。

[10] 仲尼:即孔子(前551—前479),名丘,字仲尼,鲁国陬邑(今山东省曲阜市东南)人。春秋末思想家、政治家、教育家。儒家创始者。曾任鲁国司寇,摄行相事。晚年致力于教育。所创儒家学说对后世影响极大,历代封建统治者一直尊之为圣人。现存《论语》记有孔子的谈话及孔子与门人的问答。 嘉:嘉许,表彰。 不贰:即"不贰过"。语出《论语·雍也》:"孔子对曰:'有颜回者好学。不迁怒,不贰过。'"不贰过,意思是不再犯同样的过失。

[11] 虽:即使。 行:品行,德行。

[12] 聪哲:聪慧,明智。

[13] 备:防备,戒备。

[14] 室人:古时称丈夫家的平辈妇女。 谤:诽谤。 掩:停止,止息。

[15] 《易》:《周易》的简称。亦称《易经》。儒家重要经典之一。内容包括《经》和《传》两部分。《经》主要是六十四卦和三百八十四爻。又有卦辞、爻辞说明卦、爻,旧传为周文王作。《传》包含解释卦辞、爻辞的文辞十篇,统称《十翼》,旧传为孔子作。据近人研究,并非出自一时一人之手。

[16] "二人同心"四句:出自《周易·系辞上》。利,锋利;臭(xiù),指香气;兰,兰花,其气清香。这四句的意思是,两人心意相同,它的力量如利刃可以切断金属;心意相同的言语,它的气味像兰草一样芬芳。

[17] 体敌:指彼此地位相等,不分上下尊卑。

[18] 淑媛:美好的女子。 谦顺:谦逊恭顺。

[19] 笃好:极为亲善。

[20] 结援:结交攀援。

[21] 徽美:美好。指美德。　章:通"彰"。显明,彰著。瑕过:缺点,过失。　隐塞:掩饰,隐蔽。

[22] 矜善:夸奖。

[23] 嘉美:称许,赞美。

[24] 曜(yào):显示,炫耀。　邑邻:邻里。

[25] 休光:盛美的光华。喻美德。

[26] 托名:依仗名分。即摆出兄嫂为长的名分。

[27] 骄盈:骄傲自满。

[28] 乖:违离。

[29] 臻:至,到。

[30] 愠:含怒,怨恨。

[31] 毁訾(zǐ):毁谤,非议。

[32] 厥(jué):其,他的。

[33] 益:增加。　君子:指丈夫。

[34] 显否(pǐ):荣枯,穷通。

[35] 柄:根本。

[36] 凡:只是,不过是。

[37] "在彼无恶"二句:出自《诗经·周颂·振鹭》。无恶,没有人怨恨;无斁(yì),不被讨厌。这两句诗意是,他们在那里毫无怨声,来到这里人人尊敬。

训 子 言

[三国]习　氏[1]

汝家失十户客来七八年,吾尝疑之,果汝父密遣种甘橘也。汝父常称太史公言[2]:"江陵千株橘树,当封君家[3]。"吾曰;"人患无德义[4],不患不富。若贵而能贫,方好耳。彼岂所以贻子孙哉[5]?汝勿恃之[6]。"

注释

[1]　习氏:三国吴威远将军李衡之妻。李衡临终时对其子说:你母亲厌恶我经营家业,所以我们才如此贫困。我曾秘密派十户客在武陵龙阳洲种一千棵甘橘树,你不要仰望靠这能有衣食之给,一年中仅有一匹绢之入也足以养活你了。其子将这些话告诉母亲习氏,于是习氏说了上面一席话。

[2]　太史公:指司马迁(约前145或135—?),字子长,夏阳(今陕西省韩城南)人。西汉史学家、文学家。继其父任太史令。因替李陵辩解,受宫刑,忍辱发愤著史。所著《史记》为我国最早的通史,创史书的纪传体。

[3]　"江陵"句:语出《史记·货殖列传》。当,对等,相当。这两句的意思是:如果在江陵地区种上千株橘树,那么每年的收入就相当于封侯所得的俸禄了。

[4] 患:忧虑。

[5] 贻;留给。

[6] 恃:依靠。

教侄读书

[晋]任　氏[1]

晋皇甫谧[2],叔母任氏养之为子。年二十,不学,游荡无度[3]。尝得瓜果,辄进母[4]。母曰:"吾闻《孝经》云[5]:'三牲之养[6],犹不足为孝。'汝今年二十,目不存教[7],心不入道[8],无以慰我。"因歔欷流涕。谧遂感激[9],折节强学[10]。博究典籍、百家言[11],号玄晏先生。其注疏至今行于世。君子谓任氏养而能教。《诗》云:"教诲尔子,式穀似之。"此之谓也。

注释:

[1]　任氏:晋皇甫谧婶母。

[2]　晋:朝代名。公元265年司马炎(晋武帝)代魏称帝,国号晋,建都洛阳(今属河南省),史称西晋。建兴四年(316年),匈奴贵族建立的汉国灭西晋。建武元年(317年),司马睿(晋元帝)在南方重建晋朝,都建康(今南京市),史称东晋。公元420年亡。　皇甫谧(215—282):字士安,号玄晏先生,朝那(今宁夏回族自治区固原东南)人。受业于同乡席坦。致力于著述,朝廷多次征召不就。后得风痹疾,仍手不释卷。著有《列女传》《高士传》《甲乙经》等。

[3]　游荡:游乐放荡。

[4] 辄:就。

[5] 《孝经》:儒家经典之一。十八章。作者其说不一,以孔门后学所作一说较为合理。主要论述封建孝道,宣传宗法思想。汉代列为七经之一。

[6] "三牲"二句,出自《孝经·纪孝行》。三牲,指猪、牛、羊。

[7] 存教:保有圣贤之教。

[8] 入道:合乎圣贤之道。

[9] 感激:感动激发。

[10] 折节:改变平日志向。指强自克制。 强学:勤勉学习。

[11] 博究:广泛深入地研究。 百家言:指先秦诸子百家学说。

封 鲊 教 子[1]

[晋]湛　氏[2]

侃少为寻阳县吏[3],尝监鱼梁[4],以一坩鲊遗母[5]。湛氏封鲊及书,责侃曰:"尔为吏[6],以官物遗我,非惟不能益吾,乃以增吾忧矣。"

注释

[1] 封鲊(zhǎ):封,封缄,裹扎。封鲊,即把腌的鱼裹扎起来。后人常用"封鲊"作为称颂贤母之词。

[2] 湛氏:陶侃之母。晋豫章新淦(今江西省清江县)人。教子颇有见识,历代视为贤母。

[3] 侃:指陶侃(259—334),字士行(或作士衡),东晋庐江寻阳(今江西省九江市西)人。初为县吏,后官至荆、江二州刺史,都督八州诸军事。他勤慎吏职,四十年如一日;常勉人惜寸阴。寻阳:西汉置县。治所在今湖北省黄梅西南,东晋咸和中移治今江西省九江市西。义熙八年(412年)废入柴桑县。

[4] 监鱼梁:监,掌管,主管;鱼梁,拦截水流以捕鱼的设施。做法是以土石筑堤,拦截水中,如桥,留水门,放置竹笱或竹架子于水门处,拦捕游鱼。监鱼梁,即做鱼梁吏。

[5] 坩(gān):盛物的陶器,如缸瓮之类。　鲊(zhǎ):用腌、糟等方法加工的鱼类食品。　遗(wèi):给予,送给。

[6] 尔:你。

母　　训[1]

[隋]许善心母[2]

汝是寡妇之子,为俗所轻[3]。自非高才异行[4],不可以求仕进[5]。孔绍新是当朝允子,易获声誉[6],彼宜逸乐[7],汝须勤苦。何地殊而相效乎[8]?

注释

[1] 《母训》:本文是许善心母范氏训子之言。善心少时,一次去当地首富孔鱼家,孔鱼要其子孔绍新和善心对饮。善心微醉,很晚才归,其母含泪对儿子讲了上面这番话。善心跪拜受教,从此闭门读书,四年读书万卷,终成大器。

[2] 许善心母:范氏。年轻寡居,博学且高节。隋文帝召入内廷,侍皇后讲读,封永乐郡君。闻善心遇祸,不食而死,享年九十二岁。其子许善心(558—618),字务本,隋高阳北新城(今河北省徐水西南)人。官至秘书丞。奉诏整理宫廷藏书,撰目录书《七林》,承父志续《梁史》七十卷。宇文化及弑隋炀帝,满朝文武皆拜贺。许善心被宇文化及派人执至朝堂,独不贺,遂遇害。

[3] 俗:世俗。轻:轻视,看不起。

[4] 自非:如果不是,倘若不是。　高才:才智过人。

异行:优异的品行。

[5] 仕进:入仕,做官。

[6] 声誉:声望,名誉。

[7] 逸乐:闲适安乐。

[8] 地:地位。 殊:不同。 相效:模仿他,仿效他。

教子继家风

[唐]郑善果母[1]

吾非怒汝,乃愧汝家耳[2]。吾为汝家妇,获奉洒扫[3],知汝先君忠勤之士也[4],守官清恪[5],未尝问私[6],以身徇国[7],继之以死。吾亦望汝副其此心[8]。汝既年小而孤[9],吾寡妇耳,有慈无威,使汝不知礼训[10],何可负荷忠臣之业乎[11]?汝自童子袭茅土[12],汝今位至方岳[13],岂汝身致之邪[14]?不思此事而妄加嗔怒[15],心缘骄乐[16],堕于公政[17],内则坠尔家风[18],或失亡官爵[19];外则亏天下法[20],以取罪戾[21],吾死日何面目见汝先君于地下乎[22]?

注释

[1] 郑善果母:崔氏。其夫郑诚讨贼战死。崔氏贤明,博览群书,通晓治道,教子有方。其子郑善果仕隋,为鲁郡太守,归唐为检校大理卿,奉法执正。崔氏常坐阁内,听善果处理公务,当理则悦,有不当则责之,故善果所至有绩。此文是崔氏诫子之言。

[2] 愧:愧对。

[3] 奉洒扫:谦指妇女主持家务事。

[4] 先君:先父,死去的父亲。

[5] 清恪:清廉恭谨。

[6] 问私:指谋求私利。

[7] 徇国:徇,通"殉"。徇国,为国家利益而献出生命。

[8] 副其此心:与这种品行(指上面所述其父的好品格)相一致。

[9] 孤:幼年丧父。

[10] 礼训:有关礼仪的教育训导。

[11] 负荷:担负,承担。

[12] 童子:未成年的男人。 茅土:指王、侯的封爵。古天子分封王、侯时,用代表方位的五色土筑坛,按封地所在方向取一色土,用白茅包上授给受封人,作为分得土地的象征。这里指借父功受封加官。

[13] 方岳:四方之岳。本指古代天子巡狩至某方一山下,某方之诸侯在此会朝,天子考其功德而定其升降。后以"方岳"称地方长官。此指郑善果为鲁郡太守。

[14] 致:求取,获得。

[15] 妄:随便,胡乱。 嗔怒:恼怒。

[16] 缘:攀援。 骄乐:骄纵享乐。

[17] 公政:即公务。

[18] 坠:丢失。

[19] 失亡:丢失,失掉。

[20] 亏:损害。 天下法:即国法。

[21] 罪戾:罪过,过失。

[22] 死日:死的时候。

诫 子 语

[唐]卢　氏[1]

　　吾见姨兄屯田郎中辛玄驭云[2]："儿子从宦者[3]，有人来云贫乏不能存[4]，此是好消息。若闻赀货充足[5]，衣马轻肥[6]此恶消息。"吾常重此言，以为确论。比见亲表中仕宦者[7]，多将钱物上其父母，父母但知喜悦，竟不问此物从何而来。必是禄俸余资，诚亦善事；如其非理所得，此与盗贼何别？纵无大咎[8]，独不内愧于心？孟母不受鱼鲊之馈[9]，盖为此也。汝今坐食禄俸，荣幸已多，若其不能忠清，何以戴天履地[10]？孔子云："虽日杀三牲之养，犹为不孝[11]。"又曰："父母惟其疾之忧[12]。"特宜修身洁己，勿累吾此意也[13]。

注释

[1]　卢氏：崔玄暐母。有贤操，善于教子。其子崔玄暐，唐河北博陵安平（今河北省安平）人。官至上阳宫。遵母教，居官清廉，平反冤狱，不受私谒，并将"清廉正直"的家风传给子孙。

[2]　屯田郎中：官名。主管屯田政令，属工部。　辛玄驭：生平不详。武则天时官屯田郎中。

[3]　从宦：做官。

[4]　存：存活。

[5] 赀(zī)货:财货。

[6] 衣马轻肥:语本《论语·雍也》:"乘肥马,衣轻裘。"意思是说,穿轻暖的皮衣,骑肥壮的马。形容生活奢华。

[7] 比:近来。 亲表:表亲。 仕宦:做官。

[8] 咎:过失,罪过。

[9] "孟母"句:鲊,腌鱼,糟鱼。孟母不受鱼鲊之馈,指三国吴人孟仁做鱼官时,自己捕鱼,做鱼鲊送给母亲。孟母不受,并责备他不避嫌疑。

[10] 戴天履地:戴,头顶着;履,踩。戴天履地,指生存在世上。

[11] "虽日"二句:语出《孝经·纪孝行章》。意思是,即使每天杀牛、羊、猪三种牲畜来供养父母,也还不是孝顺。

[12] "父母"句:出自《论语·为政》。意思是,父母只为儿子的疾病担忧。

[13] 累:亏负。

谕子行道义

[唐]张镒母[1]

乾元初[2],华原令卢枞以公事呵责邑人内侍齐令诜[3]。令诜衔之[4],构诬[5]。外发,镒按验[6],枞当降官;及下有司[7],枞当杖死[8]。镒具公服白其母曰[9]:"上疏理枞[10],枞必免死,镒必坐贬[11]。若以私,则镒负于当官,贬则以太夫人为忧,敢问所安[12]?"母曰:"尔无累于道[13],吾所安也。"遂执奏正罪[14],枞获配流[15],镒贬抚州司户[16]。

注释

[1] 张镒母:唐代人。生卒年和生平事迹不详。其子张镒,字公度,苏州(今属江苏省)人。朔方节度使张齐丘之子,官至殿中侍御史。

[2] 乾元:唐肃宗年号,公元758—760年。

[3] 华原:地名。故城在今陕西省耀县东南。 令:县令。 邑人:同邑的人,同乡的人。 内侍:官名。负责宫廷内部事务,由宦官担任。

[4] 衔之:怨恨他。

[5] 构诬:设计诬陷。

[6] 按验:即案验,查询证实。

[7] 下:下达。有司:古代设官分职,各有专司,因称官吏为

"有司"。

[8] 杖:刑法名。用棍棒、荆条、竹板打人。
[9] 具公服:即穿上朝服。 白:禀告。
[10] 上疏:向皇帝书面陈述见解。 理枞:为卢枞申辩。
[11] 坐贬:获罪被贬。
[12] 敢问:冒昧地问。 所安:指其母以为稳妥的办法。
[13] 无累(lèi)于道:不要有损于道义。
[14] 执奏:向皇帝上奏。 正罪:治罪。
[15] 配流:把犯人发配、流放到远地。
[16] 抚州:隋置州。治所在临川(今抚州市西),唐初辖境相当今江西省临川以南的抚江流域。 司户:即司户参军。主管民户,为州长官之佐吏。

女 孝 经[1]

[唐]郑 氏[2]

开宗明义章第一

曹大家闲居[3],诸女侍坐[4],大家曰:"昔者圣帝二女有孝道[5],降于妫汭[6],卑让恭俭,思尽妇道,贤明多智,免人之难[7],汝闻之乎?"诸女退位而辞曰[8]:"女子愚昧,未尝接大人余论[9],曷得以闻之[10]?"大家曰:"夫学以聚之,问以辩之[11],多闻阙疑[12],可以为人之宗矣[13]。汝能听其言,行其事,吾为汝陈之。夫孝者,广天地,厚人伦[14],动鬼神,感禽兽。恭近于礼[15],三思后行[16],无施其劳,不伐其善[17],和柔贞顺[18],仁明孝慈[19],德行有成,可以无咎[20]。《书》云[21]:'孝乎惟孝,友于兄弟[22]。'此之谓也。"

注释

[1] 《女孝经》:唐代郑氏因其侄女册封为永王妃,特作此来告诫她。其书仿《孝经》分十八章,每章之首皆假曹大家以立言,所谓"不敢自专",以曹大家教育诸女的口吻来阐述。全书阐述女子如何恪守妇道、修养德行、孝敬公婆、服侍丈夫、养育子女、治理家政、端正母仪、行善积德等,提出了许多可行的方法和切实的要求。对于

今天为人妻、母、媳者仍有借鉴意义。当然,文中也宣扬了某些封建思想,应予以否定。

[2] 郑氏:唐散骑侍郎侯莫陈邈之妻。

[3] 曹大家(gū):即班昭。

[4] 侍坐:在尊长近旁陪坐。

[5] "昔者"句:圣帝,指尧;二女,指尧之二女,长娥皇,次女英。尧将她们下嫁给舜。

[6] 降:帝王之女下嫁。 妫汭(guī ruì):妫水弯曲之处(今山西省永济县南)。相传舜住在这里。

[7] "卑让"四句:卑让,谦逊退让;恭俭,恭谨谦逊;贤明,有才德,有见识。据《史记·五帝纪》及刘向《列女传》载,舜的父亲愚妄,母亲愚蠢,娥皇、女英以天子之女事奉匹夫舜,能尽孝道,而不骄不怠慢。舜的继母不喜欢舜,喜欢自己的儿子象,舜父瞽叟与象欲杀舜,由象独霸财产,于是三次设计杀舜。一次是派舜给仓廪涂泥,舜上廪后,便撤去梯子,放火烧仓廪。二女让舜穿上像鸟翼一样的衣服逃脱。一次是派舜去淘井,舜下井后,从上面往井里填石头。二女教舜穿上疏浚河流时穿的龙工衣,从旁出而得脱。一次是叫舜去饮酒,欲用酒灌醉后杀死他。二女给舜药浴,终日饮酒而不醉。

[8] 退位:离开座位。

[9] 未尝:不曾。大人:对长辈的尊称。 余论:美论,对别人言论的敬辞。

[10] 曷得:怎么能。

[11] "夫学"二句:语出《易·乾卦》:"君子学以聚之,问以辨之。"问,探讨,辩论。这两句的意思是,君子通过学习来积累知识,不懂的事通过与别人探讨来明辨是非。

[12] 多闻阙疑:语出《论语·为政》:"多闻阙疑,慎言其余,

则寡尤。"阙疑,把疑难问题留下来,不做主观判断。意思是,虽然博学多闻,但遇到不懂的要存疑,不能妄下判断。

[13] 宗:众人的楷模。指受尊敬的人。

[14] "广天"二句:人伦,封建礼教所规定的人与人之间的关系。特指尊卑长幼之间的等级关系。这两句的意思是,使天地广阔,人伦淳厚。

[15] 恭近于礼:语出《论语·学而》。大意是,态度容貌庄重矜持合于礼。

[16] 三思后行:语出《论语·公冶长》。意思是,再三思考而后去做。

[17] "无施"二句:语出《论语·公冶长》:"愿无伐善,无施劳。"这两句的意思是,不夸耀自己的功劳,不夸耀自己的长处。

[18] 和柔:宽和柔顺。 贞顺:指妇女的专一婉顺。

[19] 仁明孝慈:仁爱贤明,对上孝敬,对下慈爱。

[20] "德行"二句:咎,过失。这两句的意思是,道德品行达到一定的高度,就可以没有过失。

[21] 《书》:即《尚书》。现存最早的上古典章文献汇编,相传曾由孔子编选,儒家经典之一。其中也保存了商和西周初期的一些重要史料。

[22] "惟孝"二句:出自《尚书·君陈》。大意是,孝呀,只有孝顺父母,才能与兄弟友爱。

后妃章第二

大家曰:"《关雎》《麟趾》[1],后妃之德。忧在进贤,不淫其色[2]。朝夕思念,至于忧勤[3]。而德教加于百姓,刑于四海[4]。盖后妃之孝也。《诗》云:'鼓钟于宫,声闻于外[5]。'"

注释

[1] 《关雎》:即《诗经·周南·关雎》。这是一首贵族青年的恋歌。《麟趾》:即《诗经·周南·麟之趾》。这是一首赞美统治者子孙繁盛的诗。

[2] "忧在"二句:语出《诗经·周南·关雎序》:"心之所忧,在进举贤女,不自淫恣其色,求专宠。"淫,放纵。这两句的意思是,忧虑在于引荐推举贤女,而不自恣肆其美色而求专宠。

[3] 忧勤:忧愁而劳苦。

[4] "而德教"二句:语出《孝经·天子章》。加,加于彼,施及;刑,效法。这两句的意思是,德行和教化可以推及到百姓身上,同时可以为天下作出表率。

[5] "鼓钟"二句:出自《诗经·小雅·白华》。鼓,敲击。这两句的意思是,在宫中敲钟,声音传到宫外。此言影响天下人。

夫人章第三

居尊能约,守位无私[1],审其勤劳[2],明其视听[3]。诗书之府,可以习之;礼乐之道,可以行之。故无贤而名昌,是谓积殃[4];德小而位大,是谓婴害[5];岂不诫与[6]?静专动直[7],不失其仪[8],然后能和其子孙[9],保其宗庙[10],盖夫人之孝也。《易》曰:"闲邪存其诚,德博而化[11]。"

注释

[1] "居尊"二句:居于尊位而能约束自己,保持尊位而能无私。

[2] 审:详知。

[3] 明其视听:使自己能清楚明白地了解各种人和事。

[4] "故无贤"二句:所以不贤能却有好名声,这就叫做积累祸患。

[5] 婴害:婴,缠绕。婴害,陷于祸害。

[6] 诫:警诫。

[7] 静专动直:语出《易·系辞上》:"其静也专,其动也直。"这里是说,人静时专一不二,行动时直而不屈。

[8] 仪:容止仪表。

[9] 和其子孙:使子孙和睦。

[10] 保其宗庙:宗庙,本是帝王、诸侯祭祀祖宗的庙宇,后用来代称朝廷和国家政权。保其宗庙,即保有其国家政权不被异姓夺走。

[11] "闲邪"二句:出自《易·乾·文言》。意思是,防止邪恶,保持真诚,用广博的德行来感化天下。闲,防止。

邦君章第四[1]

非礼教之法服不敢服[2],非诗书之法言不敢道[3],非信义之德行不敢行[4]。欲人不闻,勿若勿言;欲人不知,勿若勿为;欲人勿传,勿若勿行。三者备矣,然后能守其祭祀[5],盖邦君之孝也。《诗》云:"于以采蘩?于沼于沚。于以用之,公侯之事[6]。"

注释

[1] 邦君:地方长官,如太守、刺史等。这里指邦君的夫人。
[2] 法服:合乎礼法规定的、不同等级的标准服饰。
[3] 法言:合乎礼法的言论。
[4] 信义:信用道义。 德行:道德品行。
[5] 守其祭祀:古代祭祀是祀祖供神的仪式,守其祭祀即守住祖先留下的基业。
[6] "于以"四句:出自《诗经·召南·采蘩》。蘩,白蒿;沼,沼泽;沚(zhǐ),水中的小块陆地;公侯之事,指公侯祭祀之事。这四句的意思是,夫人在哪里采集白蒿?在沼泽中,在水中的陆地上。采集这些东西用于哪里?用于公侯祭祀之事。

庶人章第五

为妇之道,分义之利[1]。先人后己,以事舅姑,纺绩裳衣[2],社赋蒸献[3],此庶人妻之孝也。《诗》云:"妇无公事,休其蚕织[4]。"

注释

[1] 分义之利:遵守名分,做自己应做的事。
[2] 裳衣:指做衣服。古代上衣称衣,裙称裳,男女皆穿。
[3] 社赋蒸献:即社而赋事,蒸而献功。春分社祭时承担各种劳作。冬天祭祀时献上谷物、布帛等物。
[4] "妇无"二句:出自《诗经·大雅·瞻卬》。这是一首讽刺周幽王宠褒姒、逐贤良、乱朝政的诗。这两句诗意是,妇人不宜参与朝政之事,而褒姒(周幽王宠妃)却停止她应做的养蚕纺织,去参与政事了。

事舅姑章第六

女子之事舅姑也,敬与父同,爱与母同。守之者义也,执之者礼也[1]。鸡初鸣,咸盥漱[2],衣服以朝焉[3]。冬温夏清,昏定晨省[4]。敬以直内,义以方外[5],礼信立而后行。《诗》云:"女子有行,远兄弟、父母[6]。"

注释

[1] "守之"二句:大意是,事奉公婆要遵守道义,依据礼。
[2] 盥漱:洗脸漱口。
[3] 衣服:穿上衣服。 朝:指子女问候父母。
[4] "冬温"二句:语出《礼记·曲礼上》。省(xǐng),问候。这两句的意思是,子女照料父母无微不至,冬天温被为之御寒,夏天扇席使之清凉。晚上为父母安定枕席,早晨向父母问安。
[5] "敬以"二句:语出《易·坤·文言》。意思是,用恭敬促使内心正直,用正义使外在行为方正、规范。
[6] "女子"二句:出自《诗·邶风·泉水》。意思是,女子出嫁,远离兄弟父母。

三才章第七[1]

诸女曰:"甚哉,夫之大也!"大家曰:"夫者,天也。可不务乎[2]?古者女子出嫁曰归。移天事夫[3],其义远矣。天之经也,地之义也,人之行也[4]。天地之性,而人是则之[5]。则天之明,因地之利[6]。防闲执礼[7],可以成家。然后先之以泛爱[8],君子不忘其孝慈[9];陈之以德义,君子兴行[10];先之以敬让,君子不争;导之以礼乐[11],君子和睦;示之以好恶[12],君子知禁[13]。《诗》云:'既明且哲,以保其身[14]。'"

注释

[1] 夫妇本是平等的。此章过分强调妻子事奉丈夫,把女子置于从属地位,为今所不取。

[2] 务:指专心去事奉丈夫。

[3] 移天事夫:拿事奉天的态度来事奉丈夫。

[4] "天之经也"三句:语出《孝经·三才章》。这三句的意思是,女子事奉丈夫,是天经地义的事,应该成为行为的准则。

[5] "天地"二句:语出《孝经·三才章》。意思是,女子事奉丈夫好比天地所遵循的法则千古不变,因而应效法它们。

[6] "则天"二句:语出《孝经·三才章》。意思是,效法天之明,利用地之利。这里的意思是效法天地。

[7] 防闲:防止邪恶。防备不合礼法的事发生。 执礼:执守礼制。

[8] 泛爱:广泛地爱一切人。

[9] 君子:有学问、有修养的人。 孝慈:父母。

[10] 兴行:指君子因受德义感发起而实行。

[11] 导:引导。 礼乐:礼节和音乐。古代帝王常用兴礼乐的手段来谋求达到尊卑有序、远近和合的目的。

[12] 示之以好恶(wù):把喜好、憎恶告诉他。

[13] 禁:法令或习俗所不允许的事项。

[14] "既明"二句:出自《诗经·大雅·烝民》。意思是,既

明智又通达事理的人,善于择安避危,保全自身。

孝治章第八

大家曰:"古者淑女之以孝治九族也[1],不敢遗卑幼之妾,而况于娣姪乎[2]?故得六亲之欢心[3],以事其舅姑。治家者,不敢侮于鸡犬,而况于小人乎?故得上下之欢心,以事其夫。理闺者[4],不敢失于左右[5],而况于君子乎?故得人之欢心,以事其亲。夫然[6],故生则亲安之[7],祭则鬼享之[8];是以九族和平,萋菲不生[9],祸乱不作[10],故淑女之以孝治上下也如此。《诗》云:'不愆不忘,率由旧章[11]。'"

注释

[1] 淑女:贤良美好的女子。九族:以自己为本位,上推至四世高祖,下推至四世玄孙。一说父族四,母族三,妻族二。

[2] 娣(dì)姪:古代诸侯的女儿出嫁,从嫁共事一夫的姐妹和侄女称"娣姪"。

[3] 六亲:泛指近亲。

[4] 理闺:管理内宅之事。

[5] 左右:指在旁侍候的人。

[6] 然:这样做了。

[7] 生:指其亲活着的时候。

[8] 祭:祭祀。 享:享受,享用。

[9] 萋菲:亦作"萋斐"。本指花纹错杂的样子。后用以比喻谗言。

[10] 作:兴起。

[11] "不愆"二句：出自《诗经·大雅·假乐》。愆，过失；忘，糊涂；率由旧章，遵循旧有典章的章法。这两句的意思是，没有过错，没有疏忽，一切依照先王的旧章。

贤明章第九

诸女曰："敢问妇人之德，无以加于智乎？"大家曰："人有天地，负阴抱阳[1]，有聪明贤哲之性，习之无不利[2]，而况于用心乎？昔楚庄王晏朝[3]，樊女进曰[4]：'何罢朝之晚也，得无倦乎？'王曰：'今与贤者言，乐，不觉日之晚也。'樊女曰：'敢问贤者谁与？'曰：'虞丘子[5]。'樊女掩口而笑。王怪，问之，对曰：'虞丘子贤则贤矣，然未忠也。妾幸得充后宫，尚汤沐，执巾栉，备埽除[6]，十有一年矣[7]。妾乃进九女[8]，今贤于妾者二人[9]，与妾同列者七人，妾知妒妾之爱，夺妾之宠，然不敢以私蔽公，欲王多见博闻也。今虞丘子居相十年，所荐者，非其子孙，则宗族昆弟[10]，未尝闻进贤而退不肖[11]，可谓贤哉？'王以告之，虞丘子不知所为，乃避舍露寝[12]，使人迎孙叔敖而进之[13]，遂立为相。夫以一言之智，诸侯不敢窥兵[14]，终霸其国[15]，樊女之力也。《诗》云：'得人者昌，失人者亡[16]。'又曰：'辞之辑矣，人之洽矣[17]。'"

注释

[1] 负阴抱阳：语出《老子·四十二章》："万物负阴而抱阳。"这句的意思是，万物的背后（北面）是阴气，胸前（南面）是阳气。

[2] 习之无不利：学习没有学得不好的。

[3] 楚庄王（前？—前591）：春秋楚国君。穆王子，名旅。他在位时晋国的国君们昏庸相继，霸业不强盛。于是

庄王先后灭庸,伐宋,伐陈,围郑,伐陆浑戎。观兵于周郊。周定王派王孙满前来慰劳,他向王孙满问九鼎的大小轻重,隐有灭周之意,为春秋五霸之一。在位二十三年。　晏(yàn)朝:晚朝。

[4] 樊女:即樊姬。春秋楚庄王夫人。庄王即位,樊姬屡谏,助庄王成霸业。

[5] 虞丘子:楚庄王时为相,让位于孙叔敖后,庄王赐他采地三百,号"国老"。

[6] "尚汤沐"三句:尚,指专门管理帝王私人事务;汤沐,沐浴;栉(zhì),梳子;执巾栉,伺候帝王洗沐之事;备,充数,占有其位;埽除,扫除,消除灰尘。这几句是指樊姬作楚庄王夫人。

[7] 有:通"又"。

[8] 进:引荐。

[9] 贤于妾者二人:比我贤惠的有二人。

[10] 昆弟:指兄弟。

[11] 不肖:不成材,品德不好。

[12] 避舍露寝:不居住在家中,在外露宿。

[13] 孙叔敖:春秋时楚国期思(今河南省淮滨东南)人。芈氏,名敖,字孙叔,一字艾猎。官令尹。泌之战中,曾辅助楚庄王指挥楚军,大败晋军。曾兴修水利工程,开凿芍陂蓄水,灌田万顷。为官清廉正直,世称贤相。

[14] 窥兵:炫耀武力。

[15] 终霸其国:最终使其国称霸于世。

[16] "得人"二句:今《诗经》中未见此诗句。

[17] "辞之"二句:出自《诗经·大雅·板》。辑,和悦;洽,和谐。这两句的意思是,言辞和悦,人们就会融洽。

纪德行章第十

大家曰:"女子之事夫也,缡笄而朝[1],则有君臣之严,沃盥馈食[2],则有父子之敬;报反而行[3],则有兄弟之道;受期必诚[4],则有朋友之信;言行无玷[5],则有理家之度。五者备矣,然后能事夫。'居上不骄,为下不乱,在丑不争[6]。'居上而骄,则殆[7];为下而乱,则辱[8];在丑而争,则乖[9]。三者不除,虽和如琴瑟[10],犹为不妇也[11]。"

注释

[1] 缡笄(xǐ jī):缡,束发的帛;笄,古代束发的簪子。缡笄,指梳发加簪。

[2] 馈食:向尊者进熟食(表示恭敬)。

[3] 报反:通报一声回来。

[4] 受期:接受相约的时间。

[5] 玷(diàn):污点。

[6] "居上"三句:语出《孝经·纪孝行》。居上,这里指长辈;为下,指晚辈;不乱:指恭谨事奉长辈;在丑,和众人在一起。这三句的意思是,身为长辈不要骄横,作为晚辈不犯上作乱,和众人在一起不争。

[7] 殆(dài):危险。

[8] 辱:受辱。

[9] 乖:指与众人乖离,不一致。

[10] 和如琴瑟:语出《诗经·周南·关雎》:"窈窕淑女,琴瑟友之。"琴瑟同时弹奏,声音和谐。故用来比喻夫妇间感情和谐。

[11] 不妇:不是好的妻子。

五刑章第十一

大家曰:"五刑之属三千[1],而罪莫大于妒忌,故七出之状[2],标其首焉。贞顺正直,和柔无妒,理于幽闺[3],不通于外,目不徇色[4],耳不留声,耳目之欲不越其事;盖圣人之教也,汝其行之。《诗》云:'令仪令色,小心翼翼。古训是式,威仪是力[5]。'"

注释

[1] 五刑:五种轻重不等的刑法。各时代不一,唐代指死、流、徒、杖、笞。
[2] 七出:古代丈夫遗弃妻子的七个借口:无子、淫佚、不事奉公婆、争吵、盗窃、妒忌、恶疾。
[3] 幽闺:幽深的闺房,深闺。
[4] 徇:掠取。
[5] "令仪"四句:出自《诗经·大雅·烝民》。令,美善;仪,仪容、态度;色,脸色;式,法则;力,尽力。这四句的意思是,要有美好的容止仪表,小心翼翼。以故训为法则,努力使自己的仪容庄严。

广要道章第十二[1]

大家曰:"女子之事舅姑也,竭力而尽礼[2];奉娣姒也[3],倾心而馨义[4]。抚诸孤以仁[5],佐君子以智[6],与娣姒之言信,对宾侣之容敬。临财廉,取与让[7],不为苟得[8]。动必有方,贞顺勤劳,勉其荒怠[9]。然后慎言语,省嗜欲[10];出门必掩蔽其面,夜行以烛,无烛则止[11],送兄弟不逾于阈[12]。此妇人之要道,汝其念之。"

注释

[1] 广要道:这一章的内容是推衍为人媳至道之要。
[2] 尽礼:竭尽礼仪。
[3] 娣姒:古时妇人称丈夫的弟妇为娣,丈夫的嫂为姒。娣姒,即指妯娌。
[4] 罄(qìng)义:罄,尽、竭。罄义,竭尽道义。
[5] 抚诸孤:抚养众孤儿。
[6] 佐:佐助,辅助。
[7] 取与:收受和给予。 让:谦让。
[8] 苟得:不应当得而得到,苟且取得。
[9] 荒怠:荒疏,懒惰。
[10] 嗜欲:嗜好与欲望。
[11] "出门"三句:语出《礼记·内则》:"女子出门必拥蔽其面,夜行以烛,无烛则止。"这三句的意思是,女子出门要遮住面孔,晚上走动要有烛火,否则不能走动。
[12] 逾:超过。 阈(yù):门坎。

广守信章第十三

立天之道曰阴与阳,立地之道曰柔与刚[1]。阴阳刚柔,天地之始;男女夫妇,人伦之始。故乾坤交泰[2],谁能间之[3]?妇地夫天,废一不可。然则丈夫百行[4],妇人一志;男有重婚之义,女无再醮之文[5]。是以《苤苢》兴歌[6],蔡人作诫;匪石为叹,卫主知惭[7]。昔楚昭王出游[8],留姜氏于渐台[9]。江水暴至[10],王约迎夫人必以符合[11],使者仓卒[12],遂不请行[13]。姜氏曰:"姜闻贞女义不犯约[14],勇士不畏其死。妾知不去必死,然无符不敢犯约。虽行之必生,无信而生,不如守义而死。"会使者还取符,则水高台没矣。其守信也如此,汝其勉之[15]。《易》曰:"鹤鸣在阴,其子和之[16]。"

注释

[1] "立天"二句:语出《易经·说卦》。这两句意思是,确立天的道理有阴有阳,确立地的道理有刚有柔。

[2] 乾坤:指天地。 交泰:指天地之气融会贯通,使万物大通,各遂其生。

[3] 间(jiàn):隔开。

[4] 百行:各种品行。

[5] 再醮(jiào):再嫁。

[6] 《芣苢》:《诗经·周南》篇名。据《列女传·蔡人之妻》载,蔡人之妻宋女,因夫有恶疾,其母劝之改嫁,而宋女不听,作此诗为誓。她说:芣苢(fú yǐ)草虽臭恶,我仍采之,何况丈夫呢?

[7] "匪石"二句:指《诗经·邶风·柏舟》篇,其中有"我心匪石,不可转也"句。据《列女传·卫寡夫人》载,齐侯之女嫁于卫国,到城门时卫君死。她入国持三年之丧。而后其兄弟及新卫君皆欲使其改嫁新卫君,夫人不同意,作此诗讽刺他们。

[8] 楚昭王:若敖壬,在位十年。吴王伐楚,伍子胥掘平王墓,昭王出奔。申包胥求救于秦,秦救楚,吴败,昭王入郢,迁都于鄀。

[9] 姜氏:即贞姜。齐侯之女,楚昭王夫人。 渐台:台名。在今湖北省江陵县东。

[10] 暴至:突然到来。

[11] 符:符节,古代派遣使者或调兵时用作凭证的信物。用

竹木或金玉制成,上写文字,分为两半,各持其一。用时须相合方能生效。
- [12] 仓卒:仓促,匆忙。指使者忘带符节。
- [13] 请行:请求离开。
- [14] 贞女:封建礼教指贞节的女子。
- [15] 勉:努力,尽力。
- [16] "鹤鸣"二句:出自《易·中孚》。阴,通"荫,树荫。"意思是,鹤在阴暗、隐蔽之处鸣叫,雏鹤也会应和。

广扬名章第十四

大家曰:"女子之事父母也孝,故忠可移于舅姑;事姊妹也义,故顺可移于娣姒;居家理[1],故理可闻于六亲;是以行成于内[2],而名立于后世矣。"

注释

- [1] 居家理:指处理家务有条理。
- [2] 行成于内:居家有孝悌的德行。

谏诤章第十五

诸女曰:"若夫廉贞孝义[1],事姑,敬夫,扬名,则闻命矣[2]。敢问妇从夫之令,可谓贤乎?"大家曰:"是何言与[3]?是何言与?昔者,周宣王晚朝[4],姜后脱簪珥,待罪于永巷[5],宣王为之夙兴[6]。汉成帝命班婕妤同辇[7],婕妤辞曰[8]:'妾闻三代明王皆有贤臣在侧[9],不闻与嬖女同乘[10]。'成帝为之改容。楚庄王耽于游畋[11],

樊女乃不食野味。庄王感焉,为之罢猎。由是观之,天子有诤臣[12],虽无道,不失其天下;诸侯有诤臣,虽无道,不失其国;大夫有诤臣,虽无道,不失其家;士有诤友,则不离于令名[13];父有诤子,则不陷于不义;夫有诤妻,则不入于非道[14]。是以卫女矫齐桓公不听淫乐[15],齐姜遣晋文公而成霸业[16]。故夫非道,则谏之。从夫之令,又焉得为贤乎?《诗》云:'猷之未远,是用大谏[17]。'"

注释

[1] 廉贞:方正忠贞。 孝义:行孝重义。

[2] 闻命:接受教导。

[3] 是何言与:这是什么话呀?

[4] 周宣王(前?—前782年):西周国王。姬姓,周厉王之子。名靖(一作静)。公元前828至前782年在位。即位后,北伐狎狁,南征荆蛮,史称"中兴"。 晚朝:指君王不按时上朝听政。

[5] "姜后"二句:姜后:齐侯之女,周宣王之后。贤而有德,曾说服宣王勤于朝政,卒成"中兴"之名。 簪珥:发簪和耳饰。古代多为贵妇人的首饰。 永巷:宫中长巷。待罪于永巷:周宣王晚朝,姜后摘下簪子和耳饰,派她的傅母向宣王谢罪说,是自己使大王好色忘德而晚朝,这将导致祸乱。宣王从此勤于政事,卒成中兴之名。

[6] 夙兴:早起。

[7] 汉成帝:即刘骜。公元前32至前7年在位。在位期间,外戚王氏专权,刘向上疏极谏,不用其言,宠幸赵飞燕及其娣,立为倢伃。又废许后,立赵飞燕为皇后。在位二十六年,暴崩。 班婕妤:一作班倢伃。西汉女文学家。楼烦(今山西省宁武附近)人。班固祖姑。少有才学,成帝时被选入宫,很受宠,立为倢伃。后因遭赵

飞燕谗毁,请求在长信宫供养太后。作赋自伤,辞极哀婉。　同辇:辇,皇帝乘坐的车。同辇,与皇帝同乘一辆车。

[8]　辞:推辞。

[9]　三代:指夏、商、周三代。

[10]　嬖女:宠爱的女子。

[11]　耽:沉溺。　游畋(tián):游猎。

[12]　诤(zhèng)臣:直言劝谏的大臣。

[13]　令名:好名声。

[14]　非道:不合道义。

[15]　卫女:即卫姬。卫侯之女,齐桓公夫人。矫齐桓公不听淫乐:据《列女传·齐桓卫姬》载:齐桓公喜欢听浮靡之乐,卫姬因而不听被认为是靡靡之音的郑卫之音,以矫正桓公。矫:矫正。淫乐:靡靡之音。旧指不同于正统雅乐的俗乐。

[16]　齐姜:齐桓公同宗的女儿。重耳(即晋文公)出奔在齐时,齐桓公将齐姜嫁于重耳。重耳将要老死齐国。齐姜劝他回晋国,不听。于是齐姜与重耳的舅舅子犯设计用酒灌醉他,用车拉着重耳离开齐国,后由秦帮助他回晋,夺取王位,终成霸主。　晋文公(前697—前628):春秋时晋国君。献公子,名重耳。因献公立幼子奚齐为嗣,出奔在外十九年。由秦送回即位,整顿内政,增强军队,使国力强盛。又平定周的内乱,迎接周襄王复位,以"尊王"相号召。后大败楚军,大会诸侯,成为霸主。

[17]　"猷(yóu)之"二句:出自《诗经·大雅·板》。猷,计划、谋划。这两句的意思是,谋划不能图远,就要努力劝谏。

胎教章第十六[1]

大家曰:"人受五常之理[2],生而有性习也,感善则善,感恶则恶,虽在胎养[3],岂无教乎?古者妇人妊子也,寝不侧,坐不边,立不跛[4],不食邪味,不履左道[5],割不正不食,席不正不坐。目不视恶色,耳不听靡声[6],口不出傲言,手不执邪器。夜则诵经书,朝则讲礼乐。其生子也,形容端正,才德过人,其胎教如此。"

注释

[1] 胎教:孕妇谨言慎行,心情舒畅,给胎儿以良好的影响,称作"胎教"。
[2] 五常:指仁、义、礼、智、信。
[3] 胎养:养育。指怀孕。
[4] 跛(bǒ):偏。站立时重心放在一只脚上。古人认为这是一种不恭敬的行为。
[5] 履左道:走旁门偏道。
[6] 靡声:柔弱萎靡不振的音乐。

母仪章第十七[1]

大家曰:"夫为人母者,明其礼也,和之以恩爱,示之以严毅[2],动而合礼,言必有经。男子六岁,教之数与方名[3],七岁男女不同席,不共食,八岁习之以小学[4],十岁从以师焉。出必告,返必面,所游必有常所,习必有业[5]。居不主奥,坐不中席,行不中道,立不中门[6]。不登高,不临深,不苟訾,不苟笑[7]。不有私财[8]。立必正方,耳不倾听[9]。使男女有别,远嫌避疑,不同巾栉。女子七岁,教之以四德[10]。其母仪之道如此。皇甫士安叔母有言曰[11]：'孟母三徙以教成人[12]，买肉以教存信。居不卜邻[13]，令汝鲁钝之甚[14]。'《诗》云：'教诲尔子，式穀似之。'"

注释

[1]　母仪：旧指为母之道。

[2]　严毅：严厉刚毅。

[3]　方名：指东西南北方位之名。据《礼记·内则》载："男子六岁，教之数与方名。"

[4]　小学：从汉代起称文字学为小学。因儿童入小学先学文字，故名。

[5]　"出必"四句：语出《礼记·曲礼上》。面，面见亲长；常所，有常规，不去别的地方。这几句的意思是，（作为儿子）出门一定要禀告，回来必须当面报告，凡出游一定要有确定之地，凡学习必须有确定之业。

[6]　"居不"四句：语出《礼记·曲礼上》。奥，古时指房屋的西南角，祭祀设神主或尊长者坐的地方；中席，古时是尊长者所居之处；中道，道路中央；中门，门的当中。这四句的意思是，（要教育子女）家居不得占据尊长的地位，不能坐中间的席位，不能走在道路中央，不能站在门的正中。

[7]　"不登"四句：语出《礼记·曲礼上》。訾（zǐ），说人坏话。这四句的大意是，（要教育子女）不登高处，不临深渊，不对人妄加评论，不无故嘻笑。

[8]　"不有"句：语出《礼记·曲礼上》。大意是，（要教育子女）父母在，不得有私财储蓄。

[9]　"立必"二句：语出《礼记·曲礼上》。这两句的意思是，（要教育子女）站立时姿势一定要端正，不要歪着头

听人说话。

[10] 四德：封建礼教指妇女应有四种德行，即妇德、妇言、妇容、妇功。

[11] 皇甫士安叔母：皇甫谧婶母。

[12] 孟母：指孟轲母。　徙(xǐ)：迁徙，搬家。

[13] 居不卜邻：卜，选择。居不卜邻，居住不选择邻居。

[14] 鲁钝：迟钝，愚笨。

举恶章第十八

诸女曰："妇道之善，敬闻命矣。小子不敏[1]，愿终身以行之，敢问古者亦有不令之妇乎？"大家曰："夏之兴也[2]，以涂山[3]，其灭也，以妹喜[4]；殷之兴也[5]，以有莘氏[6]，其灭也，以妲己[7]；周之兴也[8]，以太任，其灭也，以褒姒[9]。此三代之王。皆以妇人失天下[10]，身死国亡，而况于诸侯乎？况于卿大夫乎？况于庶人乎？故申生之亡[11]，祸由骊女[12]，愍怀之废[13]，衅起南风[14]。由是观之，妇人起家者有之，祸于家者亦有之。至于陈御叔之妻夏氏[15]，杀三夫，戮一子，弑一君，走两卿，丧一国，盖恶之极也。夫以一女子之身，破六家之产，吁，可畏哉！若行善道，则不及于此矣。"

注释

[1] 小子：自称的谦词。　敏：聪敏。

[2] 夏：夏朝。约公元前22世纪末至公元前21世纪初或17世纪初。相传为禹所建立，建都安邑（今山西省夏县北）。

[3] 涂山：即女娲，涂山氏长女，夏禹娶之为妃。生下儿子启后，禹便离家去治水，三过家门不入。涂山氏独自教

育启成人,使之具有美好的品德,能继承父业,令后人称颂。

[4] 妹(mò)喜:一作"末嬉"、"末喜"。有施氏之女。夏桀攻有施氏,有施氏以之嫁桀,为桀所宠。妹喜貌美而德薄。桀作酒池,日夜饮酒,不理朝政,妹喜以为乐,后夏桀为汤所灭,她与桀同乘船奔南巢(今安徽省巢湖市西南)而死。

[5] 殷:殷朝。约前17世纪至约前11世纪。又称商朝。

[6] 有莘氏:即有莘氏之女,汤娶为妃。教子有方,治理后宫有序,嫔妃无妒忌逆理之人,内外和谐。

[7] 妲己:商纣王的宠妃。己姓,名妲,有苏氏之女。纣进攻有苏氏时,有苏氏所献。她助纣为虐,纣王作酒池肉林,日夜饮酒作乐,用酷刑杀害谏臣,妲己引以为乐。纣听其言,剖比干心。武王灭商时被杀。

[8] 周:周朝。约前11世纪至前256年。

[9] 褒姒:褒国之女,周幽王宠妃。性不喜笑。幽王不惜在无外敌入寇时多次举烽火,以博其笑。至申侯和犬戎攻周时再举烽火,诸侯以为又是幽王玩的把戏,未至。结果幽王被杀,褒姒被俘。

[10] "此三代"二句:三代之亡有宠妃的因素,但这里将国家灭亡全部归咎于受宠的女子,是错误的,这反映了作者思想的局限性。

[11] 申生:春秋时晋献公之太子。献公宠骊姬,欲立其子奚齐,使申生居曲沃。骊姬诬陷申生,申生自杀身死。

[12] 骊女:即骊姬,一作丽姬。春秋时骊戎之女。晋献公攻骊戎时所得,立为夫人,很受宠,生奚齐。欲立奚齐为太子,乃诬陷太子申生,并逐公子重耳、夷吾。献公死,奚齐继位,为大臣里克所杀,骊姬亦被杀。

[13] 愍:指晋愍帝司马邺(270—318),字彦旗。在位期间,天下分崩离析,朝廷既无财力,又无兵力。公元316年,刘曜攻关中,长安城内食尽,司马邺肉袒,乘牛车出降,西晋灭亡。司马邺被掳至平阳,任光禄大夫,次年被杀。 怀:指晋怀帝司马炽(284—313),字丰度。在位时正当"八王之乱"后,政局险恶,社会动荡。其人虽聪敏,却无力回天。公元311年被刘曜掳至平阳,两年后被杀。

[14] 衅:事端。 南风:即贾南风(256—300),晋惠帝后,权臣贾充之女。性酷虐暴戾。她先诈称有皇帝诏书,使楚王司马玮杀死专权的太后父杨骏。又使玮杀死辅政的汝南王司马亮。后又以"矫诏"罪除掉司马玮,自己把持朝政大权,引起晋室内乱。

[15] 陈御叔:春秋时陈国大夫御叔。 夏氏:春秋郑穆公之女,御叔之妻。与陈灵公、孔宁、仪行父私通,其子夏征舒怒而杀灵公,孔、仪二人出奔楚国。第二年楚庄王兴兵杀征舒,灭陈。后楚庄王把夏氏赐给连尹(掌射之官)襄老。襄老战死,楚申公巫臣又娶了她,引起楚将军子反的怨恨,子反灭巫臣九族,分其室。文中所述夏氏"杀三夫,戮一子,弑一君,走两卿,丧一国"之事,即指此。

女 论 语[1]

[唐]宋若莘　宋若昭[2]

曹大家曰：妾乃贤人之妻[3]，名家之女，四德粗全[4]，亦通书史[5]，因辍女工[6]，间观文字[7]，九烈可嘉，三贞可慕[8]，深惜后人，不能追步[9]，乃撰一书，名为《论语》[10]。敬戒相承，教训女子。若依斯言，是为贤妇，罔俾前人[11]，独美千古[12]。

注释

[1]　《女论语》：唐宋若莘著，宋若昭注释。全书十二章，托名曹大家以立言，全面具体阐述了女子在立身做人、操持家事、孝顺父母、侍候公婆、善待丈夫、教育子女、保持节操诸方面应遵循的准则。其中不少内容对今天的妇女仍有教育和借鉴意义。因为它产生于封建时代，其中不可避免地宣扬了儒家伦理道德和贞操节烈观念，应予摒弃。

[2]　宋若莘（？—820）：唐贝州清阳（今河北省清河）人。其家世代以儒学闻名。父好学，有五女，皆聪明、美丽，有文才。宋若莘为长女，次若昭、若伦、若宪、若荀。贞元年间，节度使李抱真表彰她们的才华，唐德宗召入宫中。德宗欣赏她们的文才，称之为学士。宋氏五姐妹除若昭外，皆许配皇帝。宋若莘在宫中掌管书籍。卒

赠河内郡君。　宋若昭(？—825)：宋氏第二女。她只欲以学问名家，不愿嫁人，四姐妹都嫁与皇帝，唯有若昭愿独居禁院，不希冀皇上的宠幸。若莘死后，她继姐之任，掌管书籍。官拜尚宫，兼教皇子和公主。宫中后妃、皇子、公主皆以师礼事奉，号为宫师。卒赠梁国夫人。著有《宋若昭诗文集》。

[3]　贤人：有才有德的人。此指曹大家夫君曹世叔。
[4]　粗：粗略。
[5]　通：通晓。　书史：典籍，指经史一类书籍。
[6]　辍：停，中止。
[7]　间：乘间，趁(时间、机会)。　文字：文章。
[8]　九烈、三贞：形容妇女无比贞节刚烈。
[9]　追步：仿效。
[10]　《论语》：指《女论语》。
[11]　俾(bǐ)：使。
[12]　美：被赞美。　千古：年代久远。

立身章第一

凡为女子，先学立身。立身之法，惟务清贞[1]；清则身洁，贞则身荣。行莫回头[2]，语莫掀唇[3]，坐莫动膝[4]，立莫摇裙[5]，喜莫大笑，怒莫高声。内外各处，男女异群[6]。莫窥外壁[7]，莫出外庭[8]；出必掩面[9]，窥必藏形[10]。男非眷属，莫与通名[11]；女非善淑[12]，莫与相亲。立身端正，方可为人。

注释

[1]　清贞：清白坚贞。

[2] 行:指行走时。

[3] 语莫掀唇:指说话时嘴不要张得太大,露出牙齿。

[4] 动膝:指膝部来回摇晃。

[5] 立莫摇裙:指站立不稳。

[6] 男女异群:指男女不杂处在一起。

[7] 外壁:户壁之外。

[8] 外庭:指庭院之外。

[9] 出必掩面:即按《礼记·内则》"女子出门,必拥蔽其面"的要求,出门一定要掩面。

[10] 藏形:把身体隐藏起来,不让外人看见。

[11] "男非眷属"二句:意思是,对于不是亲属的男子,不要与他互通姓名。

[12] 善淑:指女子人品贤良。

学作章第二

凡为女子,须学女工。纫麻缉苎[1],粗细不同;机车纺织,切莫匆匆。看蚕煮茧[2],晓夜相从;采桑摘柘[3],看雨占风[4]。滓湿即替[5],寒冷须烘;取叶饲食,必得其中。取丝经纬[6],丈匹成工;轻纱下轴[7],细布入筒[8]。绸绢苎葛[9],织造重重[10];亦可货卖[11],亦可自缝。刺鞋作袜[12],引线绣绒,补联纫缀[13],百事皆通。能依此语,寒冷从容;衣不愁破,家不愁穷。莫学懒妇,积小痴慵[14];不贪女务[15],不计春冬。针线粗率,为人所攻;嫁为人妇,耻辱门风。衣裳破损,牵西遮东[16];遭人指点,耻笑乡中。奉劝女子,听取言终。

注释

[1] 纫(rèn):捻,搓。 绩(jī):析麻捻搓成线。 苎(zhù):即苎麻。白色,可织布。
[2] 看:照料。 煮茧:用热水煮茧,以使蚕丝外的丝胶膨润溶解。为制丝的重要步骤。
[3] 柘(zhè):树名。属桑科,其叶可饲蚕。
[4] 占风:观测风向。
[5] 滓:指蚕床秽污。 替:更换。
[6] 经:指织物的纵线。 纬:指织物的横线。
[7] 轻纱:薄纱。 轴:即滚筒。织具,用以卷织物。
[8] 细布入筒:筒,指把织好的布卷成筒。细布入筒,指精致漂亮的布就会成卷而出。
[9] 葛:葛布。即夏布。
[10] 重重:层层。言织物之多。
[11] 货卖:出售。
[12] 刺鞋:刺绣鞋。
[13] 纫缀:缝纫连缀。
[14] 积小:从小。 痴慵(yōng):愚笨懒惰。
[15] 贪:迷恋,倾心于。 女务:指女工。
[16] 牵西遮东:指衣服破损,不会缝补,东遮西掩,遮不住身体。

学礼章第三

凡为女子,当知女务。女客相过[1],安排坐具;整顿衣裳,轻行缓步。敛手低声[2],请过庭户[3];问候通时[4],从头称叙[5]。答问殷勤,轻言细语;备办茶汤[6],迎来递去。莫学他人,抬身不顾;接见依稀[7],有相欺侮。如到人家,且依礼数;相见传茶,即通事故[8];说罢起身,再三辞去。主若相留,礼筵待遇[9];酒略沾唇,食无叉箸[10];退盏辞壶[11],过承推拒[12]。莫学他人,呼汤呷醋[13];醉后颠狂,遭人所恶;身未回家,已遭点污。当在家庭[14],少游道路;生面相逢,低头勿顾。莫学他人,不知朝暮;走遍乡村,说三道四;引惹恶声,多招骂怒。辱贱门风,连累父母,损破自身,供他笑具[15]。如此之人,有如犬鼠。莫学他人,惶恐羞辱。

注释

[1] 相过:拜访你。 过:过访,拜访。

[2] 敛手:缩手。表示不敢妄为。

[3] 庭户:庭院。

[4] 通时:顺时。即合乎时令。

[5] 称叙:叙谈。

[6] 茶汤:指茶水。

[7] 依稀:指礼数不周到。

[8] 事故:指说明到人家来的原因。

[9] 礼筵:指合乎礼节的宴席。

[10] 叉箸:指吃饭时乱动、乱放筷子。

[11] 盏:浅而小的杯子。

[12] 过承:指超过自己所能承受的酒量。推拒:推却拒绝。

[13] 呼汤呷(xiā)醋:呷,喝,饮。这句表示吃喝过多的意思。

[14] 家庭:家中。

[15] 笑具:笑柄,笑料。

早起章第四

　　凡为女子,习以为常;五更鸡唱[1],起著衣裳;盥漱已了[2],随意梳妆。拣柴烧火,早下厨房;磨锅洗镬[3],煮水煎汤,随家丰俭,蒸煮食尝。安排蔬菜,炮豉舂姜[4];随时下料,甜淡馨香。整齐碗碟,铺设分张[5];三餐饭食,朝暮相当。侵晨早起[6],百事无妨;莫学懒妇,不解思量。黄昏一觉,直到天光;日高三尺,犹未离床。起来已晏,却是惭惶[7];未曾梳洗,突入厨房[8]。容颜龌龊[9],手脚慌忙;煎茶煮饭,不及时常。又有一等,馁餔争尝[10];未曾炮馔[11],先已偷藏。丑呈乡里,辱及爹娘;被人传说,岂不羞惶?

注释

[1]　五更:旧时计时分一夜为五更,又称五鼓、五夜。此指第五更,即黎明时分。

[2]　了(liǎo):完毕。

[3]　镬(huò):古时指无足的鼎。这里指锅。

[4]　炮豉(chǐ):指制作豆豉,即将豆类煮熟发酵制成调味佐料。　舂(chōng):用杵臼捣。

[5]　分张:本指分配。这里是摆放的意思。

[6]　侵晨:天快亮时,拂晓。

[7]　惭惶:羞愧惶恐。

[8]　突入:匆忙走进。

[9]　龌龊(wò chuò):肮脏。

[10]　馁(zhuì)餔:食物,吃喝。

[11]　炮馔:烹调,制作。

事父母章第五

女子在堂[1],敬重爹娘。每朝早起,先问安康[2];寒则烘火,热则扇凉;饥则进食,渴则进汤。父母检责[3],不得慌忙;近前听取,早夜思量;若有不是,改过从长[4]。父母言语,莫作寻常;遵依教训,不可强良[5];若有不谙[6],借问无妨[7]。父母年老,朝夕忧惶[8];补联鞋袜,做造衣裳;四时八节[9],孝养相当[10]。父母有疾,身莫离床;衣不解带[11],汤药亲尝;祷告神祇[12],保佑安康。设有不幸[13],大数身亡[14];痛入骨髓,哭断肝肠;劬劳罔极[15],恩德难忘。衣裳装殓,持服居丧[16];安埋设祭[17],礼拜烧香;逢周遇忌[18],血泪汪汪。莫学忤逆[19],不敬爹娘;才出一语,使气昂昂[20];需索陪送[21],争竞衣妆。父母不幸[22],说短论长;搜求财帛,不顾哀丧[23]。如此妇人,狗彘豺狼[24]。

注释

[1] 在堂:即在室。指女子许字而未嫁时。

[2] 安康:安好。

[3] 检责:检查责备。

[4] 从长(zhǎng):听从长者的教诲。

[5] 强良:同"强梁"。强横。

[6] 谙(ān):熟悉,知道。

[7] 借问:询问。

[8] 忧惶:忧愁惶恐。指心里不安。

[9] 四时八节:四时,指春、夏、秋、冬。八节,指立春、春分、立夏、夏至、立秋、秋分、立冬、冬至。这里借以指代全年。

[10] 孝养:竭尽孝心奉养父母。

[11] 衣不解带:带,古代用来约束衣服的带子,多用皮革、金玉、犀角、丝织物制成。衣不解带,指儿女对父母精心照料,无暇解开衣带休息。

[12] 神祇(qí):天神称神,地神称祇。这里泛指神灵。祈祷神灵是一种愚昧无知的迷信活动,应予否定。

[13] 设:假设,假如。

[14] 大数:寿限,寿数。

[15] 罔极:无穷尽。

[16] 持服:守孝,服丧。

[17] 设祭:陈设祭品。

[18] 逢周遇忌:指父母死后周年忌日。古时逢这一日,家人忌饮酒作乐。

[19] 忤逆:不孝顺的人。

[20] 使气:恣逞意气。 昂昂:骄傲自负的样子。

[21] 需索:求取。 陪送:嫁资。

[22] 不幸:指死亡。

[23] "搜求"二句:指闹丧。

[24] 彘(zhì):猪。

事舅姑章第六

阿翁阿姑[1],夫家之主。既入他门,合称新妇[2]。供承看养[3],如同父母。敬视阿翁,形容不睹[4],不敢随行,不敢对语[5]。如有使令[6],听其嘱咐。姑坐则立,使令便去。早起开门,莫令惊忤[7];洒扫庭堂[8],洗濯巾布[9]。齿药肥皂[10],温凉得所;退步阶前[11],待其浣洗[12]。万福一声[13],即时退步;整办茶盘,安排匙箸。香洁茶汤,小心敬递;饭则软蒸,肉则熟煮。自古老人,牙齿疏蛀[14];茶水羹汤[15],莫教虚度。夜晚更深,将归睡处;安置相辞,方回房户。日日一般,朝朝相似;传教庭帏[16],人称贤妇。莫学他人,跳梁可恶[17];咆哮尊长[18],说辛道苦;呼唤不来,饥寒不顾。如此之人,号为恶妇;天地不容,雷霆震怒;责罚加身,悔之无路。

注释

[1] 阿翁:指公公。阿姑:指婆婆。

[2] 新妇:古称儿媳为新妇。

[3] 供承:侍奉,执役。看养:照料。

[4] 形容:外貌,模样。

[5] 对语:交谈,对话。

[6] 使令:差遣,使唤。

[7] 忤:冒犯。

[8] 庭:院子。堂:厅堂,正厅。

[9] 濯(zhuó):洗涤。

[10] 齿药:治疗齿病的药。这里指类似牙膏的洁齿、护齿之物。 肥皂:古代用肥珠子或皂荚捣烂制成丸,用于洗涤。

[11] 退步:向后走。

[12] 浣(huàn):洗涤。

[13] 万福:古代妇女所行礼。多口称"万福",故称。行礼时,两手松松抱拳,重叠在胸前右下侧,上下移动,同时稍做鞠躬的姿势。 香洁:味香洁净。

[14] 疏:牙齿因年老脱落而稀疏。 蛀:物被虫蚀。此指龋齿。

[15] 羹(gēng):用肉或菜制成的有浓汤的食物。

[16] 传教:传颂称赞。庭帏(wéi):即"庭闱"。指父母所居之处。这里泛指家家户户。

[17] 跳梁:强横,跋扈。
[18] 咆哮尊长:对尊长大喊大叫,毫无礼貌。

事夫章第七

女子出嫁,夫主为亲[1]。前生缘分[2],今世婚姻。将夫比天[3],其义非轻。夫刚妻柔,恩爱相因;居家相待,敬重如宾。夫有言语,侧耳详听;夫有恶事,劝戒谆谆[4]。莫学愚妇,惹祸临身。夫若出外,须记途程;黄昏未返,瞻望思寻;停灯温饭[5],等候敲门。莫学懒妇,先自安身。夫如有病,终日劳心;多方问药,遍处求神;百般治疗,愿得长生。莫学蠢妇,全不忧心。夫若发怒,不可生嗔[6];退身相让[7],忍气吞声。莫学泼妇,斗闹频频。粗丝细葛,熨帖缝纫[8];莫教寒冷,冻损夫身。家常茶饭,供待殷勤;莫教饥渴,瘦瘠苦辛[9]。同甘同苦,同富同贫;死同棺椁[10],生共衣衾[11]。能依此语,和乐瑟琴[12]。如此之女,贤德声闻[13]。

注释

[1] 夫主:丈夫。旧时以丈夫为一家之主,故称。
[2] 前生:亦作"前身"。佛教名词。佛教认为人有前身也有后世,循环往复,轮回再生。 缘分:因缘。
[3] 将夫比天:语出《仪礼·丧服·子夏传》:"夫者,妻之天也。"旧时以"天次之序"比附伦常关系,以"天"为至高尊称。如称君、父、夫为天。
[4] 谆谆:教训不倦的样子。
[5] 停灯:停,留。停灯,此指保留灯火,不要熄灭。
[6] 嗔:埋怨,责怪。
[7] 退身:指自己退让一步。

[8] 熨帖:把布帛等物用熨斗或烙铁烫平。

[9] 瘦瘠:瘦弱。

[10] 椁(guǒ):套于棺外的大棺。

[11] 衾(qīn):被子。

[12] 和乐瑟琴:即和如琴瑟。比喻夫妻关系融洽谐调。语出《诗经·小雅·常棣》:"妻子好合,如鼓琴瑟。"

[13] 贤德声闻:贤惠的名声到处传布。

训男女章第八

大抵人家,皆有男女。年已长成,教之有序。训诲之权,实专于母。男入书堂,请延师傅[1];习学礼义,吟诗作赋。尊敬师儒,束修酒脯[2];五盏三杯,莫令虚度。十日一旬,安排礼数;设席肆筵[3],施陈樽俎[4]。月夕花朝[5],游园纵步[6];挈榼提壶[7],主宾相顾。

女处闺门[8],少令出户。唤来便来,唤去便去;稍有不从,当加叱怒。朝暮训诲,各勤事务;扫地烧香,纫麻绩苎。若在人前,教他礼数;递献茶汤,从容退步。莫纵娇痴[9],恐他啼怒;莫纵跳梁,恐他轻侮[10];莫纵歌词[11],恐他淫污;莫纵游行[12],恐他恶事。

堪笑今人,不能为主。男不知书,听其弄齿[13];斗闹贪杯[14],讴歌习舞[15]。官府不忧,家乡不顾[16]。女不知礼,强梁言语;不识尊卑,不能针黹。辱及尊亲,有玷父母。如此之人,养猪养鼠。

注释

[1] 延:聘请。师傅:老师。

[2] 束修:古代学生入学敬师的礼物。 酒脯:酒和干肉。泛指酒肴,后亦指学生送教师的酬金。

[3] 肆筵:设宴。
[4] 施陈:陈设。　樽俎(zǔ):古代盛酒食的器皿。樽盛酒,俎盛肉。
[5] 月夕花朝(zhāo):借指良辰美景。月夕,月夜。
[6] 纵步:漫步。
[7] 挈(qiè):悬持。　榼(kē):古代盛酒或贮水的器皿。
[8] 闺门:内室之门。古时女子居于内室。这里指女子居处之所。
[9] 娇痴:天真而不懂事。
[10] 轻侮:轻慢,欺侮。
[11] 歌词:指听歌唱曲。
[12] 游行:游逛。
[13] 弄齿:耍嘴皮子。
[14] 贪杯:嗜酒,好饮。
[15] 讴歌:唱歌,唱曲。此指唱淫曲。
[16] "官府"二句:指不忧惧官府的法度,不理家庭正务,不养父母妻子。

营家章第九[1]

营家之女,惟俭惟勤。勤则家起,懒则家倾;俭则家富,奢则家贫。凡为女子,不可因循[2]。一生之计,惟在于勤;一年之计,惟在于春;一日之计,惟在于寅[3]。奉箕拥帚[4],洒扫灰尘;撮除擒橽[5],洁静幽清。眼前爽俐,家宅光明;莫教秽污,有玷门庭。耕田下种,莫怨辛勤;炊羹造饭,馈送频频[6]。莫教迟慢,有误工程。积糠聚溷[7],喂养牺牲[8];呼归放去,检点搜寻。莫教失落,扰乱四邻。夫有钱米,收拾经营;夫有酒物,存积留停;迎宾待客,不可偷侵[9]。大富由命,小富由勤。禾麻粟麦,成栈成囷[10]。油盐椒豉,盎瓮装盛[11]。猪鸡鹅鸭,成队成群。四时八节,免得营营[12];洒浆食馔[13],各有余盈。夫妇享福,欢笑欣欣。

注释

[1]　营家:经营家业。

[2]　因循:疏懒,怠惰。

[3]　寅:古代用以计时的十二辰之一,相当于每天凌晨三点至五点钟。

[4]　箕:畚箕。　帚:即笤帚。

[5]　撮除:打扫清除。　擸穧(lā zā):垃圾。

[6]　馈送:本指赠送。这里指为在田间耕作的丈夫送茶送饭,或指为丈夫盛饭端菜。

[7]　潲(shào):即潲水,泔水。喂猪用。

[8]　牺牲:指供祭祀宴享用的牲畜,这里指家畜。

[9]　偷侵:偷吃偷占。

[10]　栈:堆放物品的房屋。囷(qūn):圆仓。

[11]　盎:一种腹大口小的瓦器。

[12]　营营:往来不绝的样子。这里指忙忙碌碌。

[13]　食馔:指食物。

待客章第十

大抵人家,皆有宾主。滚涤壶瓶[1],抹光橐子[2]。准备人来,点汤递水[3]。退立堂后,听夫言语。若欲传杯[4],即时办去。若欲相留,待夫回步,细与商量,杀鸡为黍[5],五味调和,菜蔬齐楚[6],茶酒清香,有光门户。红日含山[7],晚留居住。点烛擎灯,安排坐具;

枕席纱厨[8],铺毡叠被[9];钦敬相承,温凉得趣[10]。次早相看,客如辞去,别酒勤殷[11],十分留意。夫喜能家[12],客称晓事。莫学他人,不持家务;客来无汤,慌忙失措;夫若留人,妻怀嗔怒;有箸无匙,有盐无醋;打男骂女,争啜争哺[13];夫受惭惶,客怀羞愧。有客到门,无人在户[14],须遣家童[15],问其来处。客若殷勤,即通名字,当见则见,不见则避。敬待茶汤,莫缺礼数;记其姓名,询其事务;等得夫归,即当说诉。奉劝后人,切依规度[16]。

注释

[1]　滚涤:用热水洗涤。

[2]　橐(tuó)子:本指盛物的袋子,这里指盛物的盘子。

[3]　点汤:当时风俗,客到时泡茶,送客时再用沸水冲茶,叫做点汤。

[4]　传杯:本指宴饮中传递酒杯劝饮。这里指设酒宴款待客人。

[5]　杀鸡为黍:出自《论语·微子》。　黍:即黍子,通称黄米。意思是杀鸡做黄米饭,形容殷勤款待客人。

[6]　齐楚:齐备,齐全。

[7]　红日含山:指太阳落山,天色已晚。

[8]　纱厨:纱帐。挂在室内,用来避蚊或隔层。

[9]　毡:即毡子。

[10]　得趣:合乎客人的心意。

[11]　勤殷:情意深厚。

[12]　能家:会治家。

[13]　争啜(chuò)争哺:争着吃喝。

[14]　无人在户:指丈夫不在家。

[15]　家童:旧时对私家奴仆的统称。

[16]　规度:规矩法度。

和柔章第十一

处家之法[1],妇女须能。以和为贵,孝顺为尊。翁姑嗔责[2],曾如不曾[3]。上房下户[4],子姪宜亲。是非休习[5],长短休争;从来家丑,不可外闻。东邻西舍,礼数周全;往来动问[6],款曲盘旋[7];一茶一水,笑语欣然[8]。当说则说,当行则行;闲是闲非[9],不入我门。莫学愚妇,不问根源;秽言污语,触突尊贤[10]。奉劝女子,量后思前。

注释

[1] 处家:治家。
[2] 嗔责:因不满而责怪。
[3] 曾如不曾:意思是不因受到责怪而怨恨公婆。
[4] 上房下户:指大伯子、小叔子诸家。
[5] 休习:不多嘴,不谈论。
[6] 动问:问候。
[7] 款曲:殷勤酬应。 盘旋:交往,周旋。
[8] 欣然:高兴的样子。
[9] 闲是闲非:无关紧要的是非议论。
[10] 触突:冒犯。 尊贤:尊长和贤能的人。

守节章第十二[1]

古来贤妇,九烈三贞;名标青史[2],传到而今。后生宜学,初匪难行。第一守节,第二清贞。有女在室,莫出闺庭[3];有客在户,莫露声音。不谈私语[4],不听淫音。黄昏来往,秉烛擎灯;暗中出入,非女之经[5]。一行有失,百行无成。夫妻结发,义重千金。若有不幸,中路先倾[6];三年重服[7],守志坚心[8]。保家持业,整顿坟茔[9];殷勤训后[10],存殁光荣[11]。

此篇《论语》,内范仪刑[12]。后人依此,女德昭明[13]。幼年切记,不可朦胧。若依此言,享福无穷。

注释

[1]　守节:封建礼教提倡妇女夫死不再嫁,称为守节。

[2]　青史:古代以竹简记事,故称史籍为青史。

[3]　闺庭:家庭,家门之内。莫出闺庭,是指不要到外面乱串门。

[4]　私语:不能公开说的话。

[5]　经:规矩。

[6]　中路先倾:指丈夫死在妻子之前。

[7]　三年重服:古代妻子为丈夫服丧三年,是丧服中最重的一种。

[8]　守志坚心:指从一夫而不再易嫁。这是束缚女子的封建礼教,应予否定。

[9]　坟茔(yíng):坟墓。

[10]　训后:指教育子女。

[11]　存殁:活着的和死去的人。

[12]　内范:闺范妇德。　仪刑:楷模,典范。

[13]　昭明:显明,显著。

责 子 言

[唐]李景让母[1]

天子付汝以方面[2],国家刑法,岂得以为汝喜怒之资[3],妄杀无罪之人乎[4]?

注释

[1] 李景让母:唐浙西观察使李景让之母,一生教子甚严。李景让,唐文水(今属山西省)人,字后己,官浙西观察使。有左都押衙触犯了他,受杖刑死。军士愤怒哗变。其母闻讯,问明缘由,严厉责备,并鞭挞景让,经将佐讲情才释放。此文是李景让母责子之言。

[2] 付:交付。 方面:古指一个地方的军政要务。

[3] 岂得:怎能。 以为:用来作为…… 资:依凭。

[4] 妄:胡乱,随便。

答皇帝问

[宋]薛 氏[1]

及易简参知政事[2],召薛氏入禁中[3],赐冠帔[4],命坐,问曰:"何以教子成此令器[5]?"对曰:"幼则束以礼让[6],长则教以诗书。"上顾左右曰:"真孟母也[7]。"

注释

[1] 薛氏:宋礼部侍郎苏易简之母。
[2] 易简:即苏易简(958—996),字太简,宋梓州铜山(今四川省三台县)人。官至礼部侍郎。卒赠礼部尚书。
参知政事:官名,为宰相的副职。
[3] 召薛氏入禁中:指皇帝召薛氏进入皇宫之中。
[4] 冠:帽子。 帔(pèi):古代披在肩背上的服饰,似披肩。皇帝所赐为有彩霞纹的霞帔。
[5] 令器:优秀的人才。
[6] 束以礼让:用礼敬谦让来约束(他)。
[7] 孟母:即孟轲的母亲。孟母以教子有方而闻名。

教子学父

[宋]欧阳修母[1]

汝父为吏[2],廉而好施与[3],喜宾客。其俸禄虽薄,常不使有余,曰:"毋以是为我累[4]。"故其亡也,无一瓦之覆,一垄之植[5],以庇而为生[6]。吾何恃而能自守耶?吾于汝父,知其一二,以有待于汝也。

汝父为吏,尝夜烛治官书[7],屡废而叹[8]。吾问之,则曰:"此死狱也[9],我求其生不得尔!"吾曰:"生可求乎[10]?"曰:"求其生而不得,则死者与我皆无恨也;矧求而有得耶[11]!以其有得,则知不求而死者有恨也[12]。夫常求其生,犹失之死;而世常求其死也[13]。"回顾乳者[14],抱汝而立于旁,因指而叹曰:"术者谓我岁行在戌将死[15]。使其言然[16],吾不及见儿之立也[17],后当以我语告之。"其平居教他子弟[18],常用此语,吾耳熟焉,故能详也。其施于外事,吾不能知;其居于家,无所矜饰[19],而所为如此。是真发于中者耶[20]!呜呼!其心厚于仁者耶[21]!此吾知汝父之必将有后也[22],汝其勉之。夫养不必丰,要于孝[23];利虽不得博于物,要其心之厚于仁[24]。吾不能教汝,此汝父之志也[25]。

注释

[1] 欧阳修母:郑氏(971—1052),是位知书达理的人。欧阳修父死后,她养育三个孩子。因家贫买不起纸笔,她

便以芦荻为笔,大地为纸,教子学习写字。并以丈夫生前的言行教育儿子,勉励儿子继承父志,崇廉、厚仁、行孝。封韩国夫人。其子欧阳修不负母望,终于成为文坛领袖。郑氏以荻画地教子的故事,在历史上传为佳话。其子欧阳修,字永叔,号醉翁,吉水(今属江西省)人。北宋文学家、史学家,古文运动领袖,唐宋散文八大家之一。曾任参知政事,卒谥文忠。其诗文流畅自然。有《新五代史》《欧阳文忠集》,与宋祁合修《新唐书》。

[2] 汝父:指欧阳修的父亲,名欧阳观,字仲宾,做过州县属官。官终泰州判官。年少而孤,学习勤奋,为人仁厚孝顺。

[3] 施与:用财物接济人。

[4] 毋以是为我累:不要让这些成为我的累赘。

[5] "无一瓦"二句:即房无一间,地无一垄。

[6] 庇:庇护。

[7] 夜烛治官书:夜里点着蜡烛处理公文。

[8] 屡废而叹:多次停止工作而叹息。

[9] 死狱:该判死刑的案子。

[10] 生可求乎:生路可以寻求吗?

[11] 矧(shěn)求而有得耶:矧,何况。这句的大意是,何况有时还能找到一条生路呢?

[12] "以其有得"二句:大意是,因能使死者得到生路,知道如果轻率地处死一个人,死者是会有怨恨的。

[13] "夫常求"三句:大意是,常为死囚寻求生路,还有因失误被处死的,而世间官吏常常想方设法处死犯人。

[14] 乳者:奶妈。

[15] 术者谓我岁行在戌(xū)将死:术者,给人算命的人。这

句话的大意是,算命的人说我将在戌年死。

[16] 使其言然:假使他的话说对了。

[17] 立:长大成人。

[18] 其:指欧阳修父。　平居:平时。

[19] 矜饰:自夸,装模作样。

[20] 中:内心。

[21] 其心厚于仁者耶:他有着宽厚而仁爱的心啊。

[22] "此吾知"句:这就是我知道你父亲将有好后代的原因。

[23] "夫养不必丰"二句:大意是,奉养长辈不一定要衣食丰厚,重要的在于孝顺。

[24] "利虽"二句:大意是,利益虽然不能广泛地施于众人,但关键是要有深厚的仁爱之心。

[25] 此汝父之志:这是你父亲的意志。

戒 女 书[1]

[宋]李　氏

夫者,天也。天固不可逃[2],夫固不可离也。行违神明[3],天则罚之[4];礼义有愆[5],夫则薄之[6]。故《易》著牝马之象[7],《诗》有关雎之兴[8]。夫孝敬贞顺[9],专一无邪者[10],妇人之纪纲[11],闺房之大节也[12]。昔冀缺妻馌田[13],相敬如宾;梁鸿妇进食[14],举案齐眉[15],书之方册[16]。贤者以为有礼[17],凡人谓之怕夫[18],何其谬也[19]。

贫者安其贫[20],富则戒其富[21]。贫不自安者,耻贫而广求[22],求既不得,怨由兹生[23],室家相轻[24],恩易情薄[25]。富而不戒,则夸胜之心生[26],凌慢之容既彰[27],和柔之色安在[28]?弃和柔之色,作娇小之容[29],是为轻薄之妇人[30]。

藏心为情,出口为语。言语者,荣辱之枢机[31],亲疏之大节也[32],亦能离坚合异[33],结怨兴仇[34]。大者则覆国亡家,小者犹六亲离间[35]。是以贤女谨口[36],恐招耻谤[37]。或在尊前[38],或居闲处,未尝触应答之语[39],发诣谀之言[40],不出无稽之词[41],不为调谑之事[42],不涉秽浊[43],不处嫌疑。

注释

[1] 《戒女书》:此文载于宋代刘清之的《戒子通录》。据刘清之言:此文为其母手书,并跋云:李氏《戒女书》,授之

父兄。因建炎二年(公元1129)渡江丢失原本,不复尽记,亦不知李氏为何人。

[2] 固:固然。 逃:脱离、离开。

[3] 神明:天地间一切神灵的总称。

[4] 罚:惩罚。

[5] 礼义:礼法道义。 愆:违背,违失。

[6] 薄:轻视,鄙薄。

[7] "《易》著"句:牝(pìn),鸟兽的雌性。此句指《易·坤卦》的卦象。古人认为,女子要像牝马那样柔顺才有利。

[8] "《诗》有"句:指《诗经·周南》首篇《关雎》。《诗序》认为:此诗以雎鸠起兴,咏颂后妃之德,用来劝告天下人,并且正夫妇之伦。

[9] 贞顺:指妇女专一婉顺。

[10] 无邪:指无邪僻的举止言谈。

[11] 纪纲:法度。

[12] 闺房:女子卧室。借指妇女。 大节:指品德操守的主要方面。

[13] 冀缺:即郤缺。春秋时晋人。因封于冀,故称"冀缺"。馌(yè)田:送饭到田头。据《左传·僖公三十三年》载,郤缺在田野中耕作,其妻将饭送到田头,夫妻互相尊敬,如同对客人一样。

[14] 梁鸿妇:东汉梁鸿的妻子。名孟光,字德曜,东汉扶风平陵(今陕西省咸阳市西北)人。与夫避祸到吴地,居人廊下小屋内。梁鸿为人舂米,每天归来,孟光便向他进食物,不敢于鸿前仰视,举案齐眉,以示尊敬。

[15] 案:有脚的托盘。

[16] 方册:即典册。

[17] 有礼:合乎礼节。

[18] 凡人:平常人。

[19] 谬:谬误。

[20] 安:安守。

[21] 戒:戒慎。

[22] 耻贫:以贫为耻。 求:求取,索要。

[23] 由兹:由此。 生:产生。

[24] 室家:夫妇。 轻:轻视,鄙视。

[25] 易:改变,更改。

[26] 夸胜:意思是夸耀自己胜过别人。

[27] 凌慢:傲慢。 彰:昭示、显示。

[28] 和柔:宽和柔顺。 安:何,哪里。

[29] 作:装,做作。 娇小:美好娇柔的样子。

[30] 轻薄:轻佻浮薄。

[31] 枢机:枢与机。比喻事物的关键部分。

[32] 大节:指事物的关键。

[33] 离坚合异:即先秦"离坚白"、"合同异"两大哲学命题的并称。意思是能把不可分离的分开,把不同的聚合在一起。比喻善于诡辩。

[34] 结怨:结下怨仇。 兴仇:指挑起仇恨。

[35] 犹:则。

[36] 谨口:慎言,出言谨慎。

[37] 耻谤:羞辱,指责。

[38] 尊前:尊长之前。

[39] 触应答之语:指抵制拒绝尊长的问话。

[40] 谄谀:谄媚阿谀。

[41] 无稽:无从考查,没有根据。

[42] 调谑:调笑戏谑。

[43] 秽浊:污浊、肮脏。

内　　训

[明]仁孝文皇后徐氏[1]

德 性 章 第 一

　　贞静幽闲[2],端庄诚一[3],女子之德性也[4]。孝敬仁明[5],慈和柔顺[6],德性备矣[7]。夫德性原于所禀而化成于习[8],匪由外至[9],实本于身。古之贞女,理性情[10],治心术[11],崇道德[12],故能配君子以成其教[13]。是故仁以居之[14],义以行之[15],智以烛之[16],信以守之[17],礼以体之[18]。匪礼勿履[19],匪义勿由[20],动必由道[21],言必由信。匪言而言,则厉阶成焉[22],匪礼而动,则邪僻形焉[23]。阃以限言[24],玉以节动[25],礼以制心[26],道以制欲。养其德性,所以饬身[27],可不慎与[28]?无损于性者[29],乃可以养德[30];无累于德者,乃可以成性[31]。积过由小[32],害德为大。故大厦倾颓[33],基址弗固也[34];己身不饬,德性有亏也[35]。美璞无瑕[36],可为至宝;贞女纯德[37],可配京室[38]。检身制度[39],足为母仪;勤俭不妒[40],足法闺阃[41]。若夫骄盈嫉忌,肆意适情[42],以病其德性[43],斯亦无所取矣[44]。古语云:"处身造宅[45],黼身建德[46]。"《诗》云:"俾尔弥尔性,纯嘏尔常矣[47]。"

注释

[1]　仁孝文皇后徐氏(1361—1407):明成祖朱棣皇后,中山王徐达之女,濠州(治今安徽省凤阳等地)人。朱棣起兵靖难,她曾助北平守将守城,并常向成祖进忠言。博

学好文。谥仁孝。

[2] 贞静:端庄娴静。 幽闲:柔顺闲静。

[3] 端庄:端正、庄重。 诚一:真实无妄。

[4] 德性:品性,品质。

[5] 仁明:仁爱明察。

[6] 慈和:慈爱和睦。

[7] 备:具备。

[8] 禀:禀性。犹天性,指天赋的品性资质。 化成:教化成功。 习:指逐渐形成的习惯,习气。

[9] 匪:不,非。

[10] 理性情:涵养自己的禀性气质。

[11] 治:修养。 心术:内心。

[12] 崇:助长,增高。

[13] 成其教:即成教于内。

[14] 仁:仁爱。 居:存。

[15] 义:符合正义或道德规范。 行:实行。

[16] 智以烛之:智,智慧,知识。烛,照。

[17] 信:诚实不欺。 守:保持。

[18] 礼:社会生活中由风俗习惯而形成的行为准则、道德规范和各种礼节。 体:身体力行。

[19] 履:实行。

[20] 由:履行,遵从。

[21] 道:道义。

[22] 厉阶:祸端。

[23] 邪僻:乖谬不正。 形:形成,产生。

[24] 阈(yù):门槛,门坎儿。封建时代讲究言不逾阈,即不跨过门限,不出家门。所以这里说"阈以限(限制)言"。

[25] 玉:佩玉。 节:节制,管束。 玉以节动:行走时,束在腰间的佩玉就会发出响声,所以说"玉以节动"。

[26] 制:控制。

[27] 饬(chì)身:警饬己身,使自己的思想言行谨严合礼。

[28] 慎:谨慎,慎重。

[29] 性:指人的本性。

[30] 养德:修养德性。

[31] 成性:成其天性。

[32] 积过:指逐渐积累而形成过失。

[33] 倾颓:倒塌。

[34] 基址:建筑物的地基,基础。

[35] 亏:缺损。

[36] 璞:未雕琢的玉。 瑕:玉上的斑点。

[37] 纯德:纯粹的德行。

[38] 配:匹配,婚配。 京室:指王室。

[39] 检身:检点自身。

[40] 妒:妒忌。

[41] 法:示法。 闺阃(kǔn):内室或后宫。

[42] 适情:顺适性情。

[43] 病:祸害,危害。

[44] 斯:这。

[45] 处:安居,安身。

[46] 黼(fǔ)身建德:黼,古代礼服上白黑相间的花纹,取斧形,象征决断;建,立。这句的意思是,修身就要立德,即修养品德。

[47] "俾(bǐ)尔"二句:出自《诗·大雅·卷阿》。俾,使;弥,终;性,命;纯嘏(gǔ),大福。这两句的意思是,要使自己(指周王)终其天年,保之福禄,使之长久。

修身章第二

或曰[1]:太任目不视恶色[2],耳不听淫声,口不出傲言,若是者修身之道乎[3]?曰:然。古之道也。夫目视恶色,则中眩焉[4];耳听淫声,则内褫焉[5];口出傲言,则骄心侈焉[6],是皆身之害也[7]。故妇人居必以正,所以防慝也[8];行必无陂[9],所以成德也[10]。是故[11],五彩盛服不足以为身华[12],贞顺率道乃可以进妇德[13]。不修其身以爽厥德[14],斯为邪矣[15]。谚有之曰:"治秽养苗[16],无使莠骄[17];划荆剪棘[18],无使途塞[19]。"是以修身所以成其德者也。夫身不修,则德不立,德不立而能成化于家者,盖寡焉[20],而况于天下乎[21]?是故妇人者,从人者也[22];夫妇之道,刚柔之义也[23]。昔者明王之所以谨婚姻之始者[24],重似续之道也[25]。家之隆替[26],国之废兴,于斯系焉[27]。呜乎!闺门之内,修身之教,其勖慎之哉[28]!

注释

[1] 或:有的人。

[2] 恶色:邪恶的事物。

[3] 修身:陶冶身心,涵养德性。 道:方法,途径。

[4] 中:内心。 眩:迷乱,迷惑。

[5] 内:内心。 褫(chǐ)夺去。

[6] 骄心:骄矜之心。 侈:放纵。

[7] 身:指修身。

[8] 慝(tè):邪恶。

[9] 陂(pō):倾邪。

[10] 成德:成就德行。

[11] 是故:因此。
[12] 盛服:华丽的服饰。 华:光彩,光辉。
[13] 率道:遵循正道。
[14] 爽:败坏。
[15] 邪:不正。
[16] 秽:杂草。
[17] 莠:草名。田间常见的杂草,似禾非禾,秀而不实。骄:旺盛。
[18] 划(chǎn):铲除。
[19] 途:道路。塞:堵塞。
[20] 化:教化,教育感化。 家:指己家。
[21] 天下:指国家。
[22] 从人:封建礼教认为,妇女应有三从之德,即未嫁从父,出嫁从夫,夫死从子。所以说妇人"从人"。这是封建礼教对妇女的歧视,应予批判。
[23] 刚柔之义:刚柔,即阴阳。古人认为,天地和而后万物兴,阴阳和而后雨泽降,夫妻和而后家道成。所以说"刚柔之义"。
[24] 明王:圣明的君主。 谨:慎重。
[25] 似续:嗣续,继承。
[26] 隆替:盛衰,兴废。
[27] 系(xì):关联。
[28] 勖(xù):勉励。

慎言章第三

妇教有四[1],言居其一。心应万事[2],匪言曷宣[3]?言而中节[4]，可以免悔[5]；发不当理[6]，祸必随之。谚曰："訚訚謇謇[7]，匪石可转[8]；訿訿谖谖[9]，烈火燎原[10]。"又曰："口如扃[11]，言有恒；口如注[12]，言无据[13]。"甚矣[14]，言之不可不慎也！况妇人德性幽闲，言非所尚[15]，多言多失，不如寡言。故《书》斥牝鸡之晨[16]，《诗》有厉阶之刺[17]，《礼》严出梱之戒[18]。善于自持者[19]，必于此而加慎焉，庶乎其可也[20]。

然则慎之有道乎？曰：有，学南宫绦可也[21]。夫缄口内修[22]，重诺无尤[23]。宁其心[24]，定其志，和其气。守之以仁厚[25]，持之以庄敬[26]，质之以信义[27]。一语一默，从容中道[28]，以合乎坤静之体[29]，则谗慝不作[30]，家道雍穆矣[31]。故女不矜色[32]，其行在德。无盐虽陋[33]，言用于齐而国安。孔子曰："有德者必有言，有言者不必有德[34]。"

注释

[1] 妇教有四：即妇女有四教。这四教是指妇德、妇言、妇容、妇功。

[2] 应（yìng）：应付。

[3] 匪：同"非"。曷（hé）：何，怎么。　宣：通，疏通。

[4] 中（zhòng）节：合乎礼仪法度。

[5] 悔：悔恨。

[6] 发：表达。　当（dàng）理：合理。

[7] 訚（yín）訚：说话和悦而又能直言的样子。　謇（jiǎn）謇：直言。

[8] 匪石：不同于石。比喻意志坚定，不可转动，不像石头，虽坚硬但可转动。

[9] 訿（zǐ）訿：訿，同"訾"。诋毁，诽谤。　谖（xuān）谖：多话。

[10] 燎原：火烧原野。比喻其势不可阻挡。

[11] 扃(jiōng):门闩。比喻不乱说。

[12] 注:倾泻。比喻信口开河。

[13] 据:依据。

[14] 甚:很重要。

[15] 尚:擅长。

[16] 斥:指斥。牝鸡之晨:亦作"牝鸡司晨"或"牝鸡牡鸣"。语出《书·牧誓》:"古人有言曰,牝鸡无晨。牝鸡之晨,惟家之索。"意思是说母鸡代替公鸡报晓。贬喻妇女掌权。

[17] 厉阶:语出《诗经·大雅·瞻卬》:"妇有长舌,维厉之阶。"意思是,妇女多言多语,就是祸患的根源。 刺:指责。

[18] 出梱(kǔn)之戒:语出《礼记·曲礼上》:"外言不入于梱,内言不出于梱。"严,严格;梱,门限;戒,警戒。意思是,外室的谈论不得传入妇女内室,内室的言谈也不得传扬出去。

[19] 自持:自我克制。

[20] 庶乎其可:庶乎,犹言庶几乎,差不多的意思。庶乎其可,意思是,差不多可以无多言之失了。

[21] 南宫绦:即孔子弟子南容。又名适,字子容,鲁人,居住南宫。《诗经·大雅·抑》中有"白圭(古代白玉制的礼器)之玷,尚可磨也;斯言之玷,不可为也"等句,据《论语·先进》记载,"南容三复白圭"。即多次重复此诗句。此处引南宫绦之例,是说要学习他的谨言。

[22] 缄(jiān)口:据《孔子家语》载,"孔子观周,遂入太祖后稷之庙,庙堂右阶之前,有金人焉,三缄其口,而名其背曰:'古之慎言人也。'"后因谓闭口不言为"缄口"。此指言语谨慎。 内修:指修德于内。

[23] 重诺:信守诺言。 尤:过失。

[24] 宁:安。

[25] 守:保持,维持。 仁厚:仁爱宽厚。

[26] 持:守,保持。 庄敬:庄严恭敬。

[27] 质:诚信,真实。

[28] 中(zhòng)道:合乎礼义。

[29] 坤:指女子。 静:沉静,稳重。 体:禀性,德性。

[30] 谗慝(tè):邪恶奸佞之言。

[31] 雍穆:和睦,融洽。

[32] 矜色:自恃其美貌,凭仗自己的美貌而骄傲。

[33] 无盐:战国时齐宣王后。名钟离春。无盐人,故称无盐,又称无盐女。无盐相貌极丑,四十未嫁。她自谒齐宣王,陈述齐国当时四件危险之事,齐宣王听从她的劝告,并立她为后,齐国从此大安。

[34] "有德"二句:出自《论语·宪问》。意思是,有道德的人一定有名言,有名言的人不一定有道德。

谨行章第四

甚哉!妇人之行,不可以不谨也。自是者其行专[1],自矜者其行危[2],自欺者其行矫以污[3]。行专则纲常废[4],行危则嫉戾兴[5],行矫以污则人道绝[6],有一于此,鲜克终也[7]。夫干霄之木[8],本之深也[9];凌云之台[10],基之厚也[11];妇有令誉[12],行之纯也[13]。本深在乎栽培,基厚在乎积累,行纯在乎自力[14]。不为纯行,则戚疏离焉[15],长幼紊焉[16],贵贱殽焉[17]。是故欲成其大,当谨其微[18];纵于毫末,本大不伐[19];昧于冥冥,神鉴孔明[20];百行一亏[21];终累全德[22]。体柔顺[23],率贞洁[24],服三从之训[25],

谨内外之别[26],勉之敬之[27],终始惟一[28]。由是可以修家政[29],可以和上下[30],可以睦姻戚[31],而动无不协矣[32]。《易》曰:"恒其德,贞,妇人吉[33]。"此之谓也。

注释

[1] 自是:自以为是。 专:专制。
[2] 自矜:自负,自夸。
[3] 矫:诈伪。 污:污秽,肮脏。
[4] 纲常:指三纲五常。三纲,君为臣纲,父为子纲,夫为妻纲;五常,仁、义、礼、智、信。
[5] 嫉戾:贼害暴虐。
[6] 绝:灭绝。
[7] 鲜(xiǎn):少。 克终:能善终。
[8] 干霄:高入云霄。 木:树。
[9] 本:根基。
[10] 凌云:直上云霄。
[11] 基:地基,基址。
[12] 令誉:美好的声誉。
[13] 纯:纯美。
[14] 自力:尽自己的力量去做。
[15] 戚疏:亲疏。 离:分离。
[16] 紊:乱。
[17] 殽(xiáo):错杂,混杂。
[18] 微:小,少。
[19] "纵于"二句:纵,放纵,听任;伐,斩伐。这两句大意是,错误萌生时放纵不管,酿成大患,再想消除,就很难了。
[20] "昧于"二句:昧,隐晦;冥,昏暗;孔明,很明晰。这两句的大意是,如果觉得幽暗之中你的行为隐晦不清,别人

看不到,那么神明照察得很清楚。
[21] 亏:缺。
[22] 全德:道德完美无缺。
[23] 体:依循。 柔顺:温柔和顺。
[24] 率:遵循,遵行。
[25] 三从:旧礼教认为妇女应该做到在家从父,出嫁从夫,夫死从子,谓之"三从"。
[26] 谨:慎守,严守。
[27] 敬:慎重。
[28] 惟一:专一。
[29] 修:整修,整治。 家政:家庭事务的管理。
[30] 上下:指全家长幼尊卑。
[31] 姻戚:指姻亲。由婚姻关系结成的亲戚。
[32] 协:和。
[33] "恒其德"三句:出自《易·恒卦》。大意是,恒久保持柔美品德,持守正道,妇人可以获吉祥。

勤励章第五

怠惰恣肆[1],身之殃也[2];勤励不息[3],身之德也。是故农勤于耕,士勤于学,女勤于工[4]。农惰则五谷不获[5],士惰则学问不成,女惰则机杼空乏[6]。古者后妃亲蚕[7],躬以率下[8],庶人之妻,皆衣其夫,效绩有制[9],怠则有辟。夫治丝执麻[10],以供衣服,幂酒浆[11],具菹醢[12],以供祭祀,女之职也。不勤其事,以废其功,何以辞辟[13]?夫早作晚休,可以无忧[14];缕积不息[15],可以成匹。戒之哉,毋荒宁[16]。荒宁者,戕身之廉刃也[17],虽不见其锋[18],阴为其所戕矣[19]。《诗》云:"妇无公事,休其蚕织。"此怠惰之愿也。

呜乎！贫贱不怠惰者易，富贵不怠惰者难，当勉其难[20]，毋忽其易[21]。

注释

[1] 恣肆：放纵，无顾忌。
[2] 殃：祸。
[3] 勤励：勤劳，奋勉。
[4] 工：女工。指女子所做纺织、刺绣、缝纫等事。
[5] 获：收获。
[6] 机杼：杼，机梭。机杼，指织机。
[7] 后妃亲蚕：古制。后妃亲自参与蚕事的典礼，在春三月举行。《榖梁传·桓公十四年》载："王后亲蚕以共祭服。"
[8] 躬：亲自。 率下：做下属的表率。
[9] "效绩"二句：据《国语·鲁语下》载："男女效绩，愆则有辟，古之制也。"文中两句话的意思是，妇人献蚕功是古已有的制度，如果失职，就有罪过。
[10] 治丝执麻：治丝，纺丝；执麻，析麻搓成线。治丝执麻，泛指纺线织布。
[11] 幂(mì)酒浆：幂，覆盖。幂酒浆，指置备酒浆。
[12] 具菹醢(zū hǎi)：具，供设；菹醢，肉酱。具菹醢，供设肉酱。
[13] 辞辟：辟，法度。辞辟，意思是免于先王之法。
[14] 无忧：指无怠惰之忧。
[15] 缕积不息：一缕缕连续不断地积累。
[16] 荒宁：荒废，怠懒，贪图安逸。
[17] 剡：割，刺伤。 廉刃：锐利的锋刃。
[18] 锋：锋刃。

[19] 阴:暗暗。　戕(qiāng):毁坏,损伤。

[20] 勉其难:努力做力所不能及的难事。指富贵而不怠惰。

[21] 毋:无,不要。　忽:忽略。　易:指贫贱而不怠惰。

警戒章第六

妇人之德,莫大乎端己[1];端己之要,莫重乎警戒[2]。居富贵也[3],而恒惧乎骄盈[4];居贫贱也,而恒惧乎放失[5];居安宁也,而恒惧乎患难。奉卮于手[6],若将倾焉[7];择地而旋,若将陷焉[8]。故一念之微,独处之际,不可不慎。谓无有见乎[9]?能隐于天乎[10]?谓无有知乎?不欺于心乎?故肃然警惕[11],恒存乎矩度[12];湛然纯一[13],不干于匪僻[14]。举动之际,如对舅姑;闺房之间,如临师保[15]。不惰于冥冥[16],不矫于昭昭[17],行之以诚;持之以久,隐显不贰[18],由是德宜于家族[19],行通于神明,而百福咸臻矣[20]。夫念虑有常[21],动则无过,思患预防[22],所以远祸[23]。不然,一息不戒[24],灾害攸萃[25],累德终身,悔何追矣[26]!是故鉴古之失,吾则得焉[27];惕厉未形[28],吾何尤焉[29]?《诗》曰:"相在尔室,尚不愧于屋漏[30]。"《礼》曰:"戒慎乎其所不睹,恐惧乎其所不闻[31]。"此之谓也。

注释

[1] 端己:端正自身。

[2] 警戒:警惕防备。

[3] 居:处在,处于。

[4] 恒:常。

[5] 放失(yì):失,通"佚"。放纵,不受约束。

[6] 卮(zhī):古代酒器。

[7] 倾:倾覆。

[8] 择地:选择处所。　旋:回旋,周旋。　择地而旋:形容小心谨慎地选择处所。　陷:坠陷。

[9] 无有见:指"一念之微,独处之际"所产生的失误无人见。下句"无有知"同。

[10] 隐:瞒,瞒得过。

[11] 警惕:保持警觉,小心戒备。

[12] 矩度:规矩法度。

[13] 湛然:清澈的样子。　纯一:纯朴,单纯。　湛然纯一:指身心明澈纯朴。

[14] 干:犯。　僻:邪僻,偏离正道。　匪僻:邪恶。

[15] 临:面对。　师保:古代辅弼帝王和教导王室子弟的官,有师有保,统称师保。这里指教育贵族子女的人。

[16] 冥冥:昏暗的样子。这里指阴暗处。

[17] 矫:矫饰。　昭昭:明亮。这里指明亮处。

[18] 隐:暗处。　显:明处。　不贰:始终如一,不改变。

[19] 家:指一家。　族:即父族,母族,夫族。

[20] 咸:都。臻:至。

[21] 念虑:思虑。

[22] 思患:指未有祸患而提前思虑。

[23] 所以远祸:用来远离祸患的办法。

[24] 一息:指一呼一吸,比喻极短的时间。

[25] 攸:所。　萃:聚集,汇集。

[26] 悔何追矣:意思是追悔莫及。

[27] "是故"二句:鉴,照察,审辨;得,获得。这两句的意思是,借鉴古人错误的教训,我就能有所得。

[28] 惕厉:语出《易·乾卦》:"君子终日乾乾,夕惕若,厉无咎。"意思是警惕谨慎。　惕厉未形:即在事情尚未形

成时便警惕谨慎。

[29] 尤:过失,罪愆。

[30] "相在"二句:出自《诗经·大雅·抑》。相,视,看;屋漏,古代室内西北角设小帐,内安放神主,并在此开有天窗,阳光由此照入,故称屋漏。这里是人所不见的地方。这两句的意思是,你独处室中时,也要守善,问心无愧。

[31] "戒慎"二句:出自《礼记·中庸》。戒慎,警惕谨慎。这两句的意思是,常存敬畏谨慎之心,虽不见不闻,也不敢有所忽视。

节俭章第七

戒奢者必先于节俭也[1]。夫淡素养性[2],奢靡伐德[3],人率知之[4],而取舍不决焉[5],何也?志不能帅气[6],理不足御情[7],是以覆败者多矣[8]。《传》曰[9]:"俭者,圣人之宝也[10]。"又曰:"俭,德之共也;侈,恶之大也[11]。"若夫一缕之帛,出工女之勤,一粒之食,出农夫之劳,致之非易[12]。而用之不节,暴殄天物[13],无所顾惜,上率下承[14],靡然一轨[15],孰胜其敝哉[16]!夫锦绣华丽,不如布帛之温也;奇羞美味[17],不若粝粢之饱也[18]。且五色坏目[19],五味昏智[20],饮清茹淡[21],祛疾延龄[22],得失损益,判然悬绝矣[23]!古之贤妃哲后[24],深戒乎此。故绨绤无致[25],见美于周诗[26];大练粗疏,垂光于汉史[27]。敦廉俭之风[28],绝侈丽之费,天下从化[29],是以海内殷富[30],闾阎足给焉[31]。盖上以导下[32],内以表外[33],故后必敦节俭以率六宫[34],诸侯之夫人以至士、庶人之妻,皆敦节俭以率其家,然后民无冻馁[35],礼义可兴,风化可纪矣[36]。或有问者曰:"节俭有礼乎?"曰:"礼,与其奢也,宁俭[37]。"然有可约者焉[38]，有可腆者焉[39]。是故处己不可不俭[40]，事亲不可不丰[41]。

注释

[1] 先：首要的事情。

[2] 淡素：淡泊质朴。

[3] 伐德：损坏德行。

[4] 率：皆，都。

[5] 决：决断，决定。

[6] 志：意志。　帅：统帅，统领。　气：指人的精神状态，情绪。

[7] 理：指理智。御：控制。

[8] 覆败：倾覆，败亡。

[9] 《传》：阐述经义的文字。此指《子华子》。旧题晋人程本撰。其书多采录黄老之说，又掺杂术数之言。

[10] "俭者"句：出自《子华子·晏子问党》。

[11] "俭，德之共也"四句：出自《左传·庄公二十四年》。意思是，节俭是美行中共有的，奢侈是恶行中最大的。

[12] 致：获得。

[13] 暴殄(tiǎn)：任意浪费、糟蹋。　天物：自然产物。

[14] 上率下承：上行下效。

[15] 靡然：草木顺风而倒的样子。比喻顺此潮流做。　一轨：轨，车辙。一轨，走一条路。比喻都这样做。

[16] 胜：能够承受，禁得起。　敝：败坏。

[17] 羞：美味的食品。

[18] 粝粢(lì zī)：粝，糙米。粝粢，粗劣的饭食。

[19] 五色：指赤、青、白、黑、黄五种颜色。也泛指各种颜色。坏目：损坏人的眼睛。

[20] 五味:指酸、甜、苦、辣、咸五种味道。也泛指各种味道或调和众味而成的美味食品。 昏智:使人才智昏乱。

[21] 茹:吃。 饮清茹淡:指吃喝很清淡。

[22] 祛:消除。 延龄:延年益寿。

[23] 判然:显然,分明的样子。 悬绝:相差极远。

[24] 哲后:贤明的后妃。

[25] 绤绤(chī xì)无斁:语出《诗经·周南·葛覃》:"为绤为绤,服之无斁。"绤绤,葛布。细葛为绤,粗葛为绤。这里指葛服;斁(yì),厌弃。这句的意思是,穿葛布衣不厌弃。

[26] 见:被。 美:赞美。

[27] "大练粗疏"二句:大练,粗帛;垂光,荣耀流传。这两句所述之事见《后汉书·马皇后纪》,马皇后常穿大练裙,不加边,六宫没有不叹服其节俭的。

[28] 敦:崇尚。

[29] 从化:归化,归顺。

[30] 殷富:繁盛富足。

[31] 间(lú)阎:泛指民间。 足给:丰足。

[32] 导:引导。

[33] 表:表率。

[34] 后:皇后。 率:表率,楷模。 六宫:古代皇后的寝宫,正寝一,燕寝五,合为六宫。此指宫廷之内。

[35] 冻馁:指饥寒交迫。

[36] 纪:治理。

[37] "礼,与其"三句:出自《论语·八佾》。意思是,就一般礼仪说,与其铺张浪费,宁可朴素俭约。

[38] 约:少,省俭。

[39] 腆:丰厚。

[40] 处:对待。

[41] 事:侍奉。

积善章第八

吉凶灾祥,匪由天作;善恶之应[1],各以其类[2]:善德攸积[3],天降阴骘[4]。昔者成周之先[5],世累忠厚,暨于文、武,伐暴救民[6];又有圣母贤妃[7],善德内助[8],故上天阴骘,福庆悠长[9]。我国家世积厚德,天命攸集[10];我太祖高皇帝顺天应人[11],除残削暴,救民水火[12];孝慈高皇后好生大德[13],助勤于内;故上天阴骘,奄有天下[14],生民用乂[15]。天之阴骘,不爽于德[16],昭若明鉴[17]。夫享福禄之报者,由积善之庆[18],妇人内助于国家,岂可以不积善哉?古语云:"积德成王,积怨成亡。"《荀子》曰[19]:"积土成山,风雨兴焉;积水成渊,蛟龙生焉;积善成德,神明自得[20]。"自后妃至于士、庶人之妻,其必勉于积善以成内助之美。

妇人善德[21],柔顺贞静,温良庄敬。乐乎和平[22],无乖戾也[23];存乎宽弘[24],无忌嫉也;敦乎仁慈,无残害也;执礼秉义[25],无纵越也[26];祗率先训[27],无愆违也[28];不厉人适己[29],不以欲戕物[30]。以是而内助焉[31],积而不已,福禄萃焉。《易》曰:"积善之家,必有余庆[32]。"《书》曰:"作善,降之百祥[33]。"此之谓也。

注释

[1] 应(yìng):应验。

[2] 各以其类:即各按其善恶类别应验。

[3] 攸:久,长远。

[4] 阴骘(zhì):默默地使安定。

[5] 成周:本指周的东都洛阳。这里借指周成王时代。

[6] 曁:至,到。文武:指周文王和周武王。 伐暴救民:指周武王伐纣。

[7] 圣母贤妃:指太任、太姒、邑姜。太姒为有辛氏之女,周文王之妻,武王之母。邑姜为周武王之妻,成王之母。

[8] 内助:在家中相助。

[9] 福庆:幸福。

[10] 天命攸集:指按天意,君权集于朱氏王朝。

[11] 太祖高皇帝:指明太祖朱元璋(1328—1398),字国瑞。濠州钟离(今安徽省凤阳东)人。幼年家境贫苦,入皇觉寺为僧。元末农民起义,率众投红巾军,属郭子兴部。郭子兴死后,代领其军,奉小明王韩林儿为首领。后攻占集庆(今江苏省南京市),称吴国公,采纳朱升建议,实行屯田,壮大军力,先后击破陈友谅、张士诚。公元1367年北伐。次年建立明王朝。同年攻克大都(今北京市),推翻元朝政权,逐步统一全国。明王朝建立初期实行改革,加强封建皇权。确立科举以八股取士制。

[12] 救民水火:即救民于水火之中。

[13] 孝慈高皇后:即马皇后(1332—1382),宿州(今安徽省宿县)人。滁阳王郭子兴养女。通经史,仁慈、智慧。朱元璋打天下时,她率女子为之制衣鞋,并掌管太祖文札。 好生:爱惜生灵,不喜杀人。

[14] 奄有:全部占有。

[15] 生民用乂(yì):人民因此而安定。

[16] 不爽:不差,没有差错。

[17] 昭:清楚,明白。 明鉴:明亮的镜子。

[18] 庆:赏赐,褒美。

[19] 《荀子》:书名,战国思想家荀子著,共三十二篇。该书

总结了先秦的哲学思想,对古代唯物主义有所发展,其中《赋篇》在文学史上有一定地位。

[20] "积土"六句:出自《荀子·劝学》。神明,谓人的精神,心思;自得,自己感到得意或舒适。这六句的大意是,土积聚起来成为高山,风雨就在这里兴起来;水积聚成为深渊,蛟龙就在这里生长出来;积累善行成就德行,而且神智从容自得。

[21] 善德:美德。

[22] 和平:和睦,和谐。

[23] 乖戾(lì):抵触,不一致。

[24] 宽弘:亦作"宽宏""宽洪"。胸怀宽阔,气量弘深,能容人。

[25] 执礼秉义:遵守礼义。

[26] 纵越:因放纵而超越法度。

[27] 祗(zhī):敬。 先训:先代之训言。

[28] 愆违:违背。

[29] 厉:虐害,欺压。 适:便于,合适。

[30] 戕物:残害毁坏于物。

[31] 以是:凭此,依此。

[32] "积善"二句:出自《易·坤卦》。庆,福泽。这两句的意思是,修积善行的人家,必然留下许多福泽。

[33] "作善"二句:出自《古文尚书·伊训》。大意是,行善,各种吉利的事都会降临到你身上。

迁善章第九

人非上智[1],其孰无过[2]?过而能知,可以为明[3];知而能改,可以跂圣[4]。小过不改,大恶形焉;小善能迁[5],大善成焉。夫妇人之过无他,惰慢也,嫉妒也,邪僻也[6]。惰慢则骄,孝敬衰焉;嫉妒则刻[7],灾害兴焉;邪僻则佚[8],节义颓焉[9]。是数者皆德之弊而身之殃,或有一焉,必去之如蟊螣[10],远之如蜂虿[11]。蜂虿不远则螫身[12],蟊螣不去则伤稼,已过不改则累德[13]。若夫以恶小而为之无恤[14],则必败;以善小而忽之不为,则必覆[15]。能行小善,大善攸基[16];戒于小恶,终无大戾[17]。故谚有之曰:"屋漏迁居,路纡改途[18]。"《传》曰:"人谁无过?过而能改,善莫大焉[19]。"

注释

[1]　上智:上等智慧。指才智过人的人。

[2]　孰:谁。

[3]　明:圣明,明智。

[4]　跂(qǐ)圣:意思是企望成为圣人。

[5]　迁:升。引申为累积。

[6]　邪僻:指品行不端正。

[7]　刻:刻薄,苛刻。

[8]　佚(yì):恣纵。

[9]　节义:节操和义行。　颓(tuí):败落,衰退。

[10]　蟊(máo):吃苗根的害虫。　螣(tè):吃苗叶的害虫。

[11]　虿(chài):蝎子一类的毒虫。

[12]　螫(zhē):毒害。

[13]　累(lěi)德:有损于德行。

[14]　恤:忧虑,忧患。

[15]　覆:倾覆。

[16]　攸:连词,乃,于是。　基:奠定基础,创建。

[17]　戾:罪行。

[18]　纡(yū):曲折。

[19] "人谁"三句:出自《左传·宣公二年》。大意是,哪个人没有过错,有了过错能及时改正,就没有比这再好的事了。

崇圣训章第十

自古国家肇基[1],皆有内助之德垂范后世[2]。夏商之初,涂山、有莘皆明教训之功[3];成周之兴,文王后妃克广《关雎》之化[4]。我太祖高皇帝受命而兴[5],孝慈高皇后内助之功至隆至盛[6],盖以明圣之资[7],秉贞仁之德[8],博古今之务[9]。艰难之初,则同勤开创[10];平治之际[11],则弘基风化[12],表壸范于六宫[13],著母仪于天下[14]。验之往哲[15],允莫与京[16]。譬之日月,天下仰其高明[17];譬之沧海,江河趋其浩博[18]。然史传所载,什裁一二[19],而微言奥义[20],若南金焉[21],铢两可宝也[22];若谷粟焉,一日不可无也。贯彻上下[23],包括巨细[24],诚道德之至要,而福庆之大本矣[25]。后遵之[26],则可以配至尊[27],奉宗庙[28],化天下[29],衍庆源[30];诸侯大夫之夫人与士、庶人之妻遵之,则可以内佐君子[31],长保富贵,利安家室而垂庆后人矣。《诗》云:"太姒嗣徽音,则百斯男[32]。"敬之哉!敬之哉!

注释

[1] 肇基:指始创基业。

[2] 垂范,垂示范例。

[3] 教训:教导训诫。

[4] 文王后妃:周文王之妃,即太姒。　克:能够。　广:推衍,补充。　克广《关雎》之化:意思是,能够推广《关雎》所歌咏的教化。

[5] 受命:受天之命。古帝王皆自称受命于天,以巩固其统治。
[6] 至隆至盛:隆、盛都是兴盛的意思。至隆至盛,极其兴盛。
[7] 明圣:明达圣哲。 资:禀赋,才质。
[8] 秉:保持。
[9] 博:广泛,普遍。 古今之务:指古今那些贤内助所做的各种事务。
[10] "艰难"二句:指朱元璋打天下时,马皇后帮助策划军国大事,掌管文札,并于战斗危急时率将士家属缝制军衣、军鞋,发金帛犒劳士卒,稳定军心,安抚百姓。
[11] 平治:太平。
[12] 弘:光大。风化:指社会上公认的道德规范。
[13] 表:显扬。 壸(kǔn)范:妇女的仪范,典式。
[14] 著:明示。
[15] 往哲:先哲,先贤。此指往古明哲之后。
[16] 允:确实。 莫与京:京,大,盛。莫与京,即没有与之一样伟大的。
[17] 高明:高而明亮。
[18] 趋:归附,趋向。 浩博:浩大,广博。
[19] 什裁一二:什,通"十"。裁,仅仅。什裁一二,即仅仅是十分之一二。
[20] 微言:精深微妙的言辞。 奥义:精深的义理,深奥的含义。
[21] 南金:南方出产的铜。借指贵重之物。
[22] 铢两:铢,古代衡制中的重量单位,是一两的二十四分之一。铢两,一铢一两。借指微小之物。 可宝:值得珍爱。

[23] 贯彻：贯通。

[24] 巨：大，巨大。

[25] 至要：紧要，极其重要。 大本：根本。

[26] 后：指君王的正妻，即皇后。 遵：遵循。 之：指上文所述高皇后大德懿训。

[27] 至尊：至高无上的地位。这里指君主。

[28] 奉宗庙：奉，承；宗庙，朝廷和国家政权的代称。奉宗庙，指长久保有国家政权。

[29] 天下：普天之下。指百姓。

[30] 衍：扩展，延伸。 庆源：即福庆之本源。

[31] 佐：辅佐，佐助。 君子，指丈夫。

[32] "太姒"二句：出自《诗经·大雅·思齐》。嗣，继承，接续；徽音，德音，指令闻美誉；百斯男，即百男，多男孩儿。这两句的意思是，太姒能继承太任的美好名誉，所以多子多孙。

景贤范章第十一[1]

诗书所载贤妃贞女，德懿行备[2]，师表后世[3]，皆可法也[4]。夫女无姆教[5]，则婉娩何从[6]？不亲书史[7]，则往行奚考[8]？稽往行[9]，质前言[10]，模而则之[11]，则德行成焉。夫明镜可以鉴妍媸[12]，权衡可以拟轻重[13]，尺度可以测长短[14]，往辙可以轨新迹[15]。希圣者昌[16]，踵弊者亡[17]。是故修恭俭，莫盛于皇英[18]；求贞顺，莫备于太姜[19]；效诚庄，莫隆于太任[20]；行孝敬，莫纯于太姒[21]。仪式刑之[22]，齐之则圣[23]，下之则贤[24]，否亦不失于从善[25]。夫珠玉非宝，淑圣为宝[26]；令德不亏[27]，室家是宜[28]。《诗》云："高山仰止，景行行止[29]。"其谓是与。

注释

[1] 景：仰慕。

[2] 懿（yì）：美。行：指德行，品行。　备：具备。

[3] 师表后世：为后世表率，楷模。

[4] 法：效仿，效法。

[5] 姆：古代以妇道教女子的女师。

[6] 婉娩（wǎn）：柔顺的样子。

[7] 亲：接触。　书史：典籍，指经史一类书籍。

[8] 往行：指先贤的德行。　奚：何。　考：省察，察考。

[9] 稽：考核，查考。

[10] 质前言：验证前人的言论。

[11] 模、则：都是效法、仿效的意思。

[12] 妍（yán）：美。　媸（chī）：丑陋。

[13] 权衡：权，秤锤；衡，秤杆。权衡，称量物体轻重的器具。

[14] 尺度：指计量长度的定制。

[15] 往辙：辙，车轮碾过的痕迹。往辙，前车之辙。　轨新迹：即为后来的规矩。

[16] 希圣：仰慕圣人，希望达到圣人的境界。

[17] 踵：追随，因袭。　弊：坏，低劣。

[18] 恭俭：恭谨，谦逊。　皇英：娥皇、女英的并称。相传为尧的两个女儿。

[19] 求：讲求。　备：美，美好。　太姜：周太王之妃，文王之祖母，有吕氏之女。

[20] 效：师法。　诚庄：诚实庄重。　隆：盛。

[21] 纯：纯厚，纯笃。

[22] 仪式刑：仪、式、刑皆为效法之意。仪、式，取法。刑，效法。　之：指代诸妃圣德。

[23] 齐之则圣：与之相同，则可以达到圣的境界。

[24] 下之则贤：不如他们，可以达到贤的境界。

[25] "否亦"句：意思是有达不到的，也不失于为善。

[26] 淑圣：圣明贤达。

[27] 令德：美德。

[28] 室家是宜：指能使家庭安顺，夫妻和睦。

[29] "高山"二句：出自《诗经·小雅·车舝》。高山，高俊的山，比喻崇高的德行；仰止，仰慕，向往；景行，大路，比喻行为正大光明。这两句的意思是，品德像高山一样崇高，让人景仰；行为像大路一样光明，值得遵循。

事父母章第十二

孝敬者，事亲之本也。养非难也，敬为难。以饮食供奉为孝，斯末矣。孔子曰："孝者，人道之至德[1]。"夫通于神明，感于四海[2]，孝之致也。昔者虞舜善事其亲[3]，终身而慕[4]；文王善事其亲[5]，色忧满容[6]。或曰：此圣人之孝也，非妇人之所宜也。是不然。孝弟[7]，天性也，岂有间于男女乎[8]？事亲者，以圣人为至。若夫以声音笑貌为乐者[9]，不善事其亲者也；诚孝爱敬无所违者[10]，斯善事其亲者也。悬衾敛簟[11]，节文之末[12]；纫箴补缀[13]，帅事之微[14]，必也恪勤[15]，朝夕无怠逆于所命[16]，祗敬尤严于杖屦，旨甘必谨于馂余[17]，而况大于此者乎！是故不辱其身，不违其亲，斯事亲之大者也。夫自幼而笄[18]，既笄而有室家之望焉[19]，推事父母之道于舅姑[20]，无以复加损矣[21]。故仁人之事亲也[22]，不以既贵而移其孝[23]，不以既富而改其心。故曰："事亲如事天[24]。"又曰："孝莫大于宁亲[25]。"可不敬乎？《诗》云："害澣害否，归宁父母[26]。"此后妃之谓也。

注释

[1] "孝者"句：出自《亢仓子·训道篇》。意思是，孝敬父母，是人最高尚的品德。

[2] 感：感动。

[3] 虞舜：上古五帝之一，姓姚，名重华。因其先国于虞，故称虞舜，是古代传说中的圣君。善事其亲：相传舜父愚妄，母蠢笨，几次想杀死舜，都被舜巧妙地避开了，舜仍然很孝顺。

[4] 终身而慕：语出《孟子·万章上》。慕，怀念，依恋。终身而慕，一辈子都依恋父母。

[5] 文王：指周文王。

[6] 色忧满容：即满脸忧愁的样子。据《礼记·文王世子》载，周文王至孝，一日三次到其父王季寝门前问安，安则喜，不安便面带忧色，走路也不稳，待父母好转才又像往常一样。

[7] 孝弟(tì)：弟，通"悌"。孝弟，孝敬父母，敬爱兄长。

[8] 有间：有区别。

[9] 乐：快乐，安乐。

[10] 诚孝：出自内心的孝敬。　爱敬：亲爱，恭敬。

[11] 悬衾敛簟(diàn)：语出《礼记·内则》。衾，被子；簟，供坐卧铺垫用的竹席。这句的意思是侍奉起居。

[12] 节文：礼节。

[13] 纫箴补缀：语出《礼记·内则》。纫箴，即纫针，以线穿针。这句的意思是侍候穿戴。

[14] 帅事：帅，同"率"。帅事，行事。

[15] 恪勤：恭敬勤恳。

[16] 怠：怠慢。　逆：违背。　所命：指父母吩咐做的事。

[17] "祗敬"二句:语出《礼记·内则》:"杖屦,祗敬之勿敢近……与恒食饮,非馂莫之敢食。"杖,长辈的手杖;屦(jù),葛或麻制的鞋;旨甘,美味食物,指养亲的食品;馂(jùn)余,吃剩下的食物。这两句的意思是,对长辈的手杖和鞋尤其要恭敬,不去靠近,养亲的甘美食物一定要注意只吃剩余的。

[18] 笄(jī):簪。古代女子十五岁加笄,意味着成年。

[19] 室家:指成立家庭,即出嫁。

[20] 推:推广,推衍。

[21] 无以复加损:不能再减少了。

[22] 仁人:指有德之人。

[23] 既:已经。

[24] "事亲"句:出自《孔子家语·大婚解》。意思是,事奉父母如同事奉天一样恭敬。

[25] "孝莫"句:出自杨雄《法言序》。宁亲,使父母安宁。这句的意思是,最大的孝莫过于使父母安宁。

[26] "害澣"二句:出自《诗经·周南·葛覃》。害(hé),通"曷",什么;澣,同"浣",洗涤;归宁,指已嫁的女子回娘家省视父母。这两句的意思是,哪些衣服该洗,哪些衣服可以不洗,我将穿着它回家看望父母。

事君章第十三

妇人之事君,比昵左右[1],难制而易惑[2],难抑而易骄[3]。然则有道乎[4]?曰:有。忠诚以为本,礼义以为防[5],勤俭以率下,慈和以处众,诵诗读书,不忘规谏。寝兴夙夜[6],惟职爱君[7]。居处有常[8],服食有节[9],言语有章[10],戒谨逸豫,中馈是专[11],外事不涉[12]，谨辨内外，教令不出[13]，远离邪僻，威仪是力[14]。毋擅宠而怙恩[15]，毋干政而挠法[16]。擅宠则骄，怙恩则妒，干政则乖[17]，挠法则乱。谚云："泪水淖泥，破家妒妻[18]。"夫不骄不妒，身之福也。《诗》云："乐只君子，福履绥之[19]。"夫安命守分，僭黩不生[20]。《诗》云："夙夜在公，实命不同[21]。"是故姜后脱珥[22]，载籍攸贤[23]；班姬辞辇[24]，古今称誉。我国家隆盛[25]，孝慈高皇后事我太祖高皇帝，辅成鸿业[26]，居富贵而不骄，职内道而益谨[27]，兢兢业业，不忘夙夜，德盖前古，垂训万世，化行天下[28]。《诗》云："思齐太任，文王之母，思媚周姜，京室之妇[29]。"此之谓也。纵观往古，国家兴废，未有不由于妇之贤否也，事君者不可不慎。《诗》云："夙夜匪解，以事一人[30]。"苟不能胥匡以道[31]，则必自荒厥德[32]，若网之无纲[33]，众目难举[34]。上无所毗[35]，下无所法，则沦胥之渐矣[36]。夫木瘁者[37]，内蠹攻之[38]；政荒者，内嬖蛊之[39]。女宠之戒[40]，甚于防敌。《诗》云："赫赫宗周，褒姒灭之[41]。"可不鉴哉！夫上下之分，尊卑之等也[42]；夫妇之道，阴阳之义也。诸侯、大夫及士、庶人之妻，能推是道以事其君子，则家道鲜有不盛矣[43]。

注释

[1] 比昵(nì)：亲近。

[2] 制：控制。 惑：迷乱。

[3] 抑：抑制，阻止。 骄：骄纵。

[4] 道：指事君之道。

[5] 防：提防。

[6] 寝兴：睡下和起床。泛指日夜或起居。 夙夜：朝夕、日夜。

[7] 职：尽职。

[8] 居处：指平日的生活。 常：指常规，规律。

[9] 服食：穿衣吃饭。 节：节制。

[10] 有章:指不说不合乎礼的话。
[11] 中馈是专:指专门承担家中供膳诸事。古人认为这是女子之道。
[12] 涉:涉及,参与。
[13] 教令:教戒、命令。 不出:指教戒、命令不出于闺门。
[14] 威仪是力:威仪,庄重的仪容举止;力,勤,尽力。威仪是力,尽力培养其庄重的仪容举止。
[15] 擅宠:独受宠信或宠爱。 怙(hù)恩:依仗恩宠。
[16] 干政:干预政事。 挠(náo)法:枉法。
[17] 乖:戾,违逆。
[18] "汩水"二句:汩(gǔ),混浊;淖(nào),烂泥。这两句的大意是,烂泥令水浑浊,妒妻令家破败。
[19] "乐只"二句:出自《诗经·周南·樛木》。乐,和美,快乐;只,无义;君子,犹言小君内子,是众妾称后妃;福履,福禄;绥,安。这两句称赞后妃无妒忌之心,所以众妾乐其德而愿其安享福禄。
[20] 僭(jiàn)黩:冒犯,超越本分。
[21] "夙夜"二句:出自《诗·召南·小星》。这两句是众妾赞美南国夫人之辞,因她有不妒之德,施惠天下,所以虽日夜伴于君侧,众妾却不敢怨,反说这是命不同,所赋之分不同。
[22] 姜后脱珥:指周宣王之姜后因周宣王常晚起,脱去耳饰待罪永巷事。
[23] 载籍攸贤:典籍所推崇的。
[24] 班姬辞辇:指汉成帝婕妤班姬不与成帝同车游后庭事。
[25] 隆盛:兴隆昌盛。
[26] 辅:辅助。
[27] 职内道:指掌家政。

[28] 行:施行。
[29] "思齐"四句:出自《诗经·大雅·思齐》。思,无义;齐(zhāi),通"斋",庄重,严肃恭敬;媚,爱,爱戴;周姜,指周太王妃太姜。这四句的意思是,这个庄敬的太任,乃是文王之母,爱戴太姜,而称其为周室孝妇。
[30] "夙夜"二句:出自《诗经·大雅·烝民》。解(xiè),通"懈",懈怠;一人,指君主。这两句的意思是,日日夜夜不懈怠,侍奉君主一个人。
[31] 胥匡以道:胥(xū),相,指代君王;匡(kuāng),正,纠正。胥匡以道,指用道来匡正君王。
[32] 荒:荒迷。
[33] 纲:提网的绳子。
[34] 目:网的孔眼。 举:张开。
[35] 毗(pí):辅佐,帮助。
[36] 沦胥:沦陷,沦丧。
[37] 瘁(cuì):毁坏,损害。
[38] 蠹(dù):木的蛀虫。
[39] 嬖(bì):受君王宠爱的人。 蛊(gǔ):诱惑,迷乱。
[40] 女宠:帝王宠爱的女子。
[41] "赫赫"二句:出自《诗经·小雅·正月》。赫赫,显盛的样子;宗周,指周的都城镐京,镐京为天下所宗,故称宗周。这两句的意思是说,一个显赫的周王朝,竟灭亡在宠妃褒姒手里。周王朝灭亡,主要在于幽王昏聩,单单归咎于褒姒是错误的。这反映了作者的思想局限性。
[42] 等:等分,等级。
[43] 家道:家庭的命运。

事舅姑章第十四

妇人既嫁,致孝于舅姑。舅姑者,亲同于父母,尊拟于天地。善事者在致敬[1],致敬则严[2];在致爱,致爱则顺[3]。专心竭诚,毋敢有怠,此孝之大节也,衣服饮食其次矣。故极甘旨之奉,而毫发有不尽焉[4],犹未尝养也[5];尽劳勚之力[6],而倾刻有不恭焉,犹未尝事也。舅姑所爱,妇亦爱之;舅姑所敬,妇亦敬之。乐其心,顺其志[7],有所行不敢专[8],有所命不敢缓[9],此孝事舅姑之要也。昔太姒思媚,周基益隆;长孙尽孝[10],唐祚以固[11]。甚哉,孝事舅姑之大也!夫不得于舅姑[12],则不可以事君子,而况于动天地,通神明,集嘉祯乎[13]?故自后妃下至卿大夫及士、庶人之妻,壹是皆以孝事舅姑为重[14]。《诗》云:"夙兴夜寐,无忝尔所生[15]。"

注释

[1] 致敬:极尽诚敬之心,极其恭敬。

[2] 严:尊敬。

[3] 顺:柔顺,和顺。

[4] 毫发:极少,极细微。

[5] 养:奉养,侍奉。

[6] 劳勚(yì):劳苦。

[7] 顺:顺从。 志:意志。

[8] 行:做,从事某种活动。指妇有所行。 专:专断,擅自行事。

[9] 命:指舅姑有所吩咐。

[10] 长孙:指唐太宗文德皇后长孙氏(600—636),洛阳人。长孙无忌之妹。好读书,处处循礼法,深得太宗敬重。她在宫中孝事高祖,恭顺妃嫔,消释其间嫌猜。撰《女

则》十卷。卒谥文德。

[11] 祚:君位,国统。
[12] 得于:即得意于。
[13] 嘉祯:吉祥的征兆。
[14] 壹是:一概,一律。
[15] "夙兴"二句:出自《诗经·小雅·小宛》。忝(tiǎn),辱没;所生,指父母。这两句诗的意思是,早起晚睡,日夜辛劳,不要辱没你的双亲。

奉祭祀章第十五

人道重夫昏礼者[1],以其承先祖,共祭祀而已[2]。故父醮子[3],命之曰:"往迎尔相[4],承我宗事[5]。"母送女,命之曰:"往之女家,必敬必戒[6]。"国君取夫人,辞曰:"共有敝邑,事宗庙社稷[7]。"分虽不同[8],求助一也[9]。盖夫妇亲祭,所以备外内之官[10]。若夫后妃奉神灵之统[11],为邦家之基[12],蠲洁烝尝[13],以佐其事[14],必本之以仁孝,将之以诚敬[15]。躬蚕桑以为玄𫄸[16],备仪物以共豆笾[17],夙夜在公,不以为劳。《诗》云:"君妇莫莫,为豆孔庶[18]。"夫相礼罔愆[19],威仪孔时[20],宗庙飨之[21],子孙顺之,故曰:祭者教之本也。苟不尽道而忘孝敬,神斯弗享矣[22]。神弗享而能保躬裕后者[23],未之有也。凡内助于君子者,其尚勖之。

注释

[1] 昏礼:婚娶之礼。古时此礼在黄昏时举行,故称"昏礼"。
[2] 共:供给,供奉。

[3] 醮(jiào):古代婚礼中的一种简单仪节。谓尊者向卑者酌酒,卑者接受敬酒后饮尽,不需回敬。

[4] 往:去。 迎:迎娶。 相(xiàng):助,佐助。这里指佐助其承宗庙的妻室。

[5] 宗事:宗庙之事。

[6] "往之"二句:女家,你家,即夫家;戒,戒慎,谨慎。这两句的意思是,到了你家里一定要恭敬,一定要谨慎。

[7] "国君"四句:取,同"娶";辞,致辞;敝邑,谦词,称自己的国家。这几句的意思是,国君娶夫人一定致辞说,让我们共同拥有这个国家,继承宗庙,保有国家。

[8] 分(fèn):名分,位分。

[9] 助:内助。

[10] "夫妇"二句:外,指向外求助于夫人,即上文所说"共有敝邑,事宗庙社稷";内,指尽其恭敬之心;备,尽,具备;官,职责。

[11] 统:世代相传的系统。

[12] 邦家:国家。

[13] 蠲(juān)洁:清洁。 烝尝:本指秋冬二祭,烝为冬祭,尝为秋祭,后泛称祭祀。

[14] 事:指祭祀之事。

[15] 将:遵奉,秉承。

[16] "躬蚕"句:指皇后亲自养蚕,用来织玄纮。

[17] 仪物:指用于礼仪的物品。 豆笾(biān):祭器。木制的叫"豆",竹制的叫"笾"。用来盛肉酱。

[18] "君妇"二句:出自《诗经·小雅·楚茨》。君妇,君主之正妻;莫莫,清静而极为肃敬的样子;孔,甚,很;庶,多。这两句的大意是,君王之正妻肃敬地进献许多美味食物。

[19] 相礼:赞礼,辅助祭礼。 罔:无,没有。
[20] 威仪:指祭享典礼中的动作仪节和待人接物的礼仪。孔时:很合于时宜。
[21] 宗庙:本为天子诸侯祭祀祖先的处所,这里借指祖先。飨(xiǎng):通"享",享用,享有祭物。
[22] 享:指享用祭物。
[23] 躬:自身。 裕后:即为后代造福。

母仪章第十六[1]

孔子曰:"女子者,顺男子之教而长其理者也,是故无专制之义[2]。"所以为教不出闺门以训其子者也。教之者[3],导之以德义,养之以廉逊[4],率之以勤俭,本之以慈爱,临之以严恪[5],以立其身,以成其德。慈爱不至于姑息[6],严恪不至于伤恩[7]。伤恩则离[8],姑息则纵,而教不行矣[9]。《诗》云:"载色载笑,匪怒伊教[10]。"夫教之有道矣,而在己者亦不可不慎[11]。是故女德有常,不逾贞信;妇德有常,不逾孝敬。贞信孝敬,而人则之。《诗》云:"其仪不忒,正是四国[12]。"此之谓也。

注释

[1] 此章只片面地强调妻子要顺从丈夫,这是对妇女的歧视,这种思想已为今日所不取。
[2] "女子"三句:出自《大戴礼记·本命篇》及《孔子家语·本命》。长(zhǎng),增益。这三句的意思是,女子要顺从男子之教,增益其义理,所以没有专断之理。
[3] 之:指子女。
[4] 廉逊:节俭,逊让。

[5] 临:监临,以上对下,指管束。 严恪(kè):庄严恭敬。

[6] 至于:到,到达。 姑息:无原则地宽容。

[7] 恩:恩爱,宠爱。

[8] 离:指心离。

[9] 不行:即行不通。

[10] "载色"二句:出自《诗经·鲁颂·泮水》。是一首赞颂鲁公的庆功诗。这两句的意思是说,鲁公没有怒色,而是和颜悦色地指教臣下。

[11] 己:指母亲。

[12] "其仪"二句:出自《诗经·曹风·鸤鸠》。忒(tè),偏差;四国,各国。这两句的大意是,容止仪表没有偏差,足可以成为天下的模式。

睦亲章第十七

仁者,无不爱也。亲疏内外,有本末焉。一家之亲,近之为兄弟,远之为宗族,同乎一源矣[1]。若夫娣姒姑姊妹,亲之至近者也[2],宜无所不用其情。夫木不荣于干[3],不能以达枝;火不灼乎中[4],不能以照外。是以施仁必先睦亲[5],睦亲之务,必有内助。凡一源之出,本无异情,间以异姓,乃生乖别[6]。《书》曰:"敦叙九族[7]。"《诗》曰:"宜其家人[8]。"主乎内者,体君子之心,重源本之义,敦《颉弁》之德[9],广《行苇》之风[10],仁恕宽厚,敷洽惠施[11]。不忘小善,不记小过。录小善则大义明[12],略小过则谗慝息;谗慝息则亲爱全[13],亲爱全则恩义备矣。疏戚之际,蔼然和乐[14]。由是推之,内和而外和,一家和而一国和,一国和而天下和矣,可不重与[15]?

注释

[1] 源:根源,源头。此指同一祖先。
[2] 至近:最亲近。
[3] 荣:繁茂,茂盛。 干:树的主干。
[4] 灼:指火烧得很旺,火光很亮。
[5] 睦亲:与宗族和睦,对外亲友好。
[6] 乖别:不合,分离。
[7] 敦叙九族:出自《尚书·皋陶谟》。敦叙,指依顺序次第亲近。
[8] 宜其家人:出自《诗经·周南·桃夭》。宜,和顺;家人,一家之人。
[9] 《颈弁》:《诗经·小雅》中的一篇,是宴兄弟亲戚之诗。此处是说要效法此诗之意,对兄弟亲戚敦厚。
[10] 《行苇》:《诗经·大雅》中的一篇,是宴父兄耆老之诗。此处是说要推衍此诗之意,对父兄耆老和善笃厚。
[11] 敷洽:广布。 惠施:恩惠。
[12] 录:记。
[13] 亲爱:指亲近喜爱之情。 全:完美,齐全。
[14] 疏戚之际:即亲疏之间。 蔼然:和气可亲的样子。
[15] 重:重视。

慈幼章第十八

慈者,上之所以抚下也。上慈而不懈,则下顺而益亲[1]。是故乔木竦而枝不附焉[2],渊水涸而鱼不藏焉[3]。故甘瓠累于樛木[4],庶草繁于深泽[5],则子妇顺于慈仁,理也[6]。若夫待之不以慈,而欲责之以孝[7],则下必不安;下不安则心离,心离则忮[8],忮则不祥莫大焉。为人父母者,其慈乎!其慈乎!然有姑息以为慈,溺爱以为德,是自敝其下也[9]。故慈者非违理之谓也,必也尽教训之道乎!亦有不慈者,则下岂可以不孝?必也勇于顺令[10],如伯奇者也[11]。

注释

[1] 亲:指子女对父母更加亲近。

[2] 乔木:树枝干高大过二、三丈者称为乔木。 竦(sǒng):高耸。 枝:指别的枝。

[3] 涸(hé):干涸,干枯。

[4] 甘瓠(hù):瓠瓜的一种。瓠瓜有甜和苦两种。 累:缠绕,攀援。 樛(jiū)木:枝向下弯曲的树。

[5] 庶:众多。 泽:水汇聚处。

[6] "子妇"二句:意思是,长辈仁慈,儿子与媳妇便顺从,这是常理。

[7] 责:要求,希望。

[8] 忮(zhì):忌恨。

[9] 敝:败,损害。

[10] 顺令:遵循教令。

[11] 伯奇:古代孝子。相传为周宣王时重臣尹吉甫长子。其母死后,继母欲立自己的儿子伯封为太子,诬陷伯奇对其有邪念,吉甫怒,便放逐伯奇于野。伯奇自伤无罪而被放逐,踏雪作琴曲《履霜操》以抒怀。吉甫感悟,遂求伯奇,射杀后妻。

逮下章第十九

君子为宗庙之主,奉神灵之统,宜蕃衍似续[1],传序无穷[2]。故夫妇之道,世祀为大[3]。古之哲后贤妃皆推德逮下[4],荐达贞淑[5],不独任己[6],是以茂衍来裔[7],长流庆泽[8]。周之太姒有逮下之德,故《樛木》形福履之咏[9],《螽斯》扬振振之美[10],终能昌大本支[11],绵固宗社[12],三王之隆[13],莫此为盛矣[14]。故妇人之行贵于宽惠[15],恶于妒忌。月星并丽[16],岂掩于末光[17],松兰同亩,不嫌于俱秀[18]。自后妃以至士、庶人之妻,诚能贞静宽和,明大孝之端[19],广至仁之意[20],不专一己之欲,不蔽众下之美[21],务广君子之泽,斯上安下顺,和气蒸融,善庆源源[22],实肇于此矣[23]。

注释

[1] "宜蕃衍"句:蕃(fán)衍,繁盛众多;似,同"嗣";似续,继承。这句的意思是,应该以嗣续为重,使子孙繁盛众多。

[2] 传序:谓父死子继,世代相传。

[3] 世祀:世代祭祀不绝。

[4] 逮下:即恩惠及于众妾。

[5] 荐达贞淑:荐举贞洁贤淑的嫔妃给君主。

[6] 不独任己:不将恩宠专于一己。

[7] 茂衍来裔:使后世子孙繁衍昌盛。

[8] 庆泽:福泽。

[9] "《樛木》"句:《樛木》,《诗经·周南》篇名。形,表现。古人认为,这首诗咏诵后妃能惠及众妾而无嫉妒之心,所以众妾称颂,愿福禄使她们安宁。

[10] "《螽斯》"句:《诗经·周南》篇名。螽斯,本为虫名,据

说此虫繁衍能力极强,一生九十九子。《诗经·周南·螽斯》有"螽斯羽,诜(shēn)诜兮,宜尔子孙,振振兮"句。振(zhēn)振,昌盛的样子。《诗序》认为,此诗以螽斯群处和集而子孙众多,喻后妃不妒忌而子孙众多。

[11] 本支:同一家族的嫡系和庶出子孙。
[12] 绵固:绵延巩固。 宗社:国家。
[13] 三王:指夏、殷、周三代之君。
[14] 莫此为盛:意思是没有比太姒更值得称赞的了。
[15] 宽惠:宽厚慈惠。
[16] 并丽:指日月同时放光。
[17] 末光:微光,余辉。
[18] 秀:茂盛。
[19] 端:始。
[20] 广:推广。 至仁:最大的仁德。
[21] 蔽:隐蔽,埋没。
[22] 善庆:积善之福泽。 源源:连续不断。
[23] 肇:开始,创始。

待外戚章第二十

知几者见于未萌[1],禁微者谨于抑末[2],自昔之待外戚[3],鲜不由于始纵而终难制也。虽曰外戚之过,亦系乎后德之贤否尔。观之史籍,具有明鉴:汉明德皇后修饬内政[4],患外家以骄恣取败,未尝加以封爵;唐长孙皇后虑外家以贵富招祸,请无属以枢柄,故能使之保全[5];其余若吕、霍、杨氏之流[6],僭逾奢靡[7],气焰熏灼[8],无所顾忌,遂至倾覆,良由内政偏跛[9],养成祸根非一日矣。《易》曰:"驯致其道,至坚冰也[10]。"夫欲保全之者,择师傅以教之,隆之以恩而不使挠法,优之以禄而不使预政[11],杜私谒之门[12],绝请求之路[13],谨奢侈之戒,长谦逊之风,则其患自弭[14]。若夫恃恩姑息,非保全之道。恃恩则侈心肆焉[15],姑息则祸机蓄焉[16]。蓄祸召乱,其患无断;盈满招辱[17],守正获福[18]。慎之哉!慎之哉!

注释

[1] 知几:谓有预见,看出事物发生变化的隐微征兆。

萌:开始,产生。

[2] 微:指细微之事。 抑末:末事,细小的事。

[3] 昔:往昔,过去。 外戚:指帝王的母族、妻族。

[4] 明德皇后(?—79):即汉明帝之后马氏。东汉扶风茂陵(今陕西省兴平)人。马援之女。为人谦逊节俭,性格内向,不喜游乐。好读《春秋》《楚辞》等书。章帝即位后,尊为皇太后。据《后汉书》载,其子肃宗即位后,曾两次请求给诸位舅父封爵,马太后不允。建初二年夏大旱,有人认为是不封外戚的原因,马太后仍未准。

[5] "唐长孙皇后"三句:属,委托;枢柄:中枢的权柄,指朝廷军政大权。这三句指的是,长孙皇后为了防止外戚干预朝政,以吕、霍之乱为教训,请太宗不要任命自己的兄长长孙无忌为宰相,太宗不允,她又要求其兄逊职,太宗应允,改授开府仪同三司。

[6] 吕氏(前241—前180年):即汉高祖刘邦妻吕后,名雉,字娥姁,单父(今山东省单县)人。惠帝死后,吕后临朝称制,排斥刘邦旧臣,封诸吕氏为王侯。她死后,诸吕拟发动叛乱。周勃平乱,终至吕氏一族满门被斩。霍氏(?—前53):西汉宣帝皇后霍成君,霍光之女。河东平阳(今山西省临汾西南)人。其母先与人合谋弑许后,劝霍光送其入宫,立为后。许后的儿子刘奭立为

太子,霍氏与其母合谋欲将其毒死,事泄被废,自杀。
杨氏(719—756):即唐玄宗贵妃杨玉环,唐蒲州永乐(今山西省元济)人。姊妹皆因其显贵。堂兄杨国忠为相,败坏朝政。安禄山叛乱,玄宗出京师,行至马嵬坡,军士杀杨国忠,逼杨玉环自杀。

[7] 僭逾:僭越,超越本分行事。
[8] 熏灼:比喻气势逼人。
[9] 良:确实。 偏陂:不公正。
[10] "驯致"二句:语出《易·坤卦》:"初六,履霜坚冰至。象曰:履霜坚冰,阴始凝也;驯致其道,至坚冰也。"后以"履霜坚冰"比喻事态逐渐发展,将有严重后果。此处引其中两句,也是这个意思。 驯致:逐渐达到,逐渐招致。 坚冰:比喻积过成祸。
[11] 预政:参与国家大事。
[12] 杜:杜绝。 私谒(yè):因私事而干谒请托。
[13] 请求:以私事相求,通关节、走门路。
[14] 弭(mǐ):止。
[15] 肆:不受拘束,纵恣,放肆。
[16] 祸机:指隐伏未发的祸患。 蓄:积聚。
[17] 盈满:达到极限。
[18] 守正:恪守正道。

训　子

[明]徐　媛[1]

儿年几弱冠[2]，懦怯无为，于世情毫不谙练[3]深为尔忧之。男子昂藏六尺于二仪间[4]，不奋发雄飞而挺两翼，日淹岁月[5]，逸居无教[6]，与鸟兽何异？将来奈何为人[7]？慎勿令亲者怜而恶者快[8]！兢兢业业[9]，无怠夙夜，临事须外明于理而内决于心。钻燧之火[10]，可以续朝阳[11]；挥翮之风[12]，可以继屏翳[13]。物固有小而益大，人岂无全用哉？

习业当凝神伫思，戢足纳心[14]。鸷精于千仞之巅[15]，游心于八极之表[16]。浚发于巧心[17]，摅藻如春华[18]。应事以精[19]，不畏不成形；造物以神[20]，不患不成器。能尽我道而听天命[21]，庶不愧于父母妻矣。循此则终身不堕沦落，尚勉之励之。以我言为箴[22]，勿愦愦于衷[23]，毋蒙蒙于志[24]。

注释

[1]　徐媛：明代诗人。副使范允临妻。字小淑，苏州人。以文名世，其诗流传海内。著有《络纬吟》。

[2]　几：将近。　弱冠：古代男子二十岁行冠礼时，尚未到壮年，故称"弱冠"。后世泛指男子二十岁左右的年纪。

[3]　谙(ān)练：谙，熟悉。谙练，熟习，有经验。

[4]　昂藏：形容人的仪表雄伟，气宇不凡。　六尺：指身躯高大。　二仪：又称"两仪"。指天地。

[5] 日淹岁月:岁月,指时间。日淹岁月,指虚掷光阴。
[6] 逸居无教:出自《孟子·滕文公上》。意思是,安于逸乐而不受教育。
[7] 奈何:怎么。为人:做人。
[8] 慎:千万。
[9] 兢兢业业:谨慎戒惧。
[10] 钻燧(suì):燧,古代取火的工具,有金燧、木燧两种。钻燧,钻燧取火。原始的取火方法。
[11] 续朝阳:承继落日而为人们放出光。
[12] 翮(hé):羽的茎,俗称"羽管"。这里指用鸟类羽毛做成的扇子。
[13] 继屏翳(bǐng yì):屏翳,说法不一。这里指风神。继屏翳,承继自然之风而为人们消暑。
[14] 戢(jí)足纳心:戢,收敛;纳,收藏。戢足纳心,意思是要敛足收心,坐下来静心苦读。
[15] 鹜(wù):同"务"。致力。 精:精神,境界。 千仞:古代以八尺为仞,千仞极言其高。 巅:顶。
[16] 游心:心神驰骋。八极之表:八极,极远的地方。八极之表,指八极之外。
[17] 浚发:挹取发掘。
[18] "摅(shū)藻"句:摅,抒发,发表;华,同"花"。这句的意思是,要用华美的词藻写文章,使之像春天的花朵一样斑斓。
[19] 精:精心。
[20] 神:精神。
[21] 尽我道:尽我的力量去做事。 天命:指上天的意志。
[22] 箴(zhēn):箴言。规谏劝诫之言。
[23] 愦(kuì)愦:糊涂,昏乱。 衷:内心。
[24] 蒙蒙:不清楚,模糊。

女范捷录[1]

[明]刘　氏[2]

统论篇[3]

乾象乎阳[4],坤象乎阴[5],日月普两仪之照[6];男正乎外,女正乎内[7],夫妇造万化之端[8]。五常之德著,而大本以敦[9];三纲之义明,而人伦以正[10]。故修身者,齐家之要也[11];而立教者[12],明伦之本也[13]。正家之道[14],礼谨于男女;养蒙之节[15],教始于饮食。幼而不教,长而失礼[16]。在男犹可以尊师取友以成其德,在女又何从择善诚身以格其非耶[17]?是以教女之道,犹甚于男,而正内之仪[18],宜先乎外也。以铜为鉴[19],可正衣冠;以古为师,可端模范。能师古人[20],又何患德之不修而家之不正哉!

注释

[1] 《女范捷录》:明江宁刘氏著。全书共二十一篇,重在以历代妇女典范训女。作者提出,母教重于父教,男女都应受教育,妇女应培养慈惠和让、宽仁、勤俭等美德,均有积极意义。尤其是对"女子无才便是德"的批驳,很有见地,是对传统观念的大胆挑战。由于历史的局限性,作者也宣传了"三纲五常""三从四德""从一而终"等封建礼教,以及一些殉道的贞女烈妇,对此应当给予批判。

[2] 刘氏:江宁(今江苏省南京市郊)人。明代王集敬妻,王

相母。刘氏自幼善为文,守节六十年,九十而卒。时称"王节妇",著有《古今女鉴》《女范捷录》。

[3] 统论篇:此篇是总论,论教育女子的必要性和重要性,是全文的纲。

[4] 乾:指《周易·乾卦》,象阳。 阳:指天。

[5] 坤:指《周易·坤卦》,象阴。 阴:指地。

[6] "日月"句:大意是,日月在天地间普遍照耀。

[7] "男正乎外"二句:出自《周易·家人彖》。意思是,男子在外,以正道守其位,尽其职;女子在内,以正道守其位,尽其职。

[8] 万化:万事万物。

[9] 大本:指人伦根本。 敦:深,大。

[10] 正:端正。

[11] 齐家:治理自己的家。 要:关键。

[12] 立教:以规范对人进行教育。

[13] 明伦:了解人伦,懂得人伦。

[14] 正家:使家庭关系正常有序。

[15] 养蒙:教养童蒙。

[16] 长(zhǎng):长大成人。

[17] 诚身:以至诚立身行事。 格:纠正,匡正。 非:错误,过失。

[18] 正内:指使妻子守正道,尽妇职于家中。

[19] 鉴:镜子。古代用青铜制成,有的刻有铭文,用来自戒。

[20] 师:师法,学习。

后 德 篇

凤仪龙马[1],圣帝之祥[2];《麟趾》《关雎》[3],后妃之德。是故帝喾三妃[4],生稷、契、唐尧之圣[5];文王百子[6],绍姜、任、太姒之徽[7]。汭汭二女[8],绍际唐虞之盛[9],涂莘双后[10],肇开夏、商之祥[11]。宣王晚朝[12],姜后有待罪之谏;楚昭晏驾[13],越姬践心许之言[14]。明、和嗣汉[15],史称马、邓之贤[16];高、文兴唐[17],内有窦、孙之助[18]。暨夫宋室之宣仁[19],可谓女中之尧舜。乌林尽节于世宗[20],弘吉加恩于宋后[21]。高帝创洪基于草莽[22],实藉孝慈[23];文皇肃内治于宫闱[24],爰资仁孝[25]。稽古兴王之君[26],必有贤明之后,不亦信哉[27]!

注释

[1] 凤仪:"凤凰来仪"之省称,语出《书·益稷》:"《箫韶》九成,凤凰来仪。"意思是,凤凰来舞,仪表非凡。用来指吉祥的征兆。 龙马:古代传说中龙头马身的神兽。据《书·顾命》孔安国注:伏羲为天下王,龙马从黄河出现。伏羲依其文画八卦,称河图。

[2] 圣帝:英明的帝王。 祥:指吉祥的征兆。

[3] 《麟趾》:古人认为麒麟之足不踩活草,不踩活虫。此喻后妃之仁。 《关雎》:古人认为雎鸠鸟生有定偶,一起游玩而不相亲昵。此喻后妃之德。

[4] 帝喾(kù):传说中的五帝之一。相传为黄帝子玄嚣后裔,尧的父亲,居亳(今河南省偃师市),号高辛氏。商代卜辞中以其为高祖。 三妃:三位妃子,即正妃姜嫄、次妃简狄、三妃庆都。

[5] 稷:即后稷,姬姓。周的祖先,其母姜嫄,为帝喾正妃。

相传姜嫄出行野外,踏巨人足迹,心中欣喜,怀孕生稷。认为不祥,弃而不养,故名弃。为舜的农官,封于邰,号后稷。　契:帝喾之子。传说其母为有娀氏之女简狄。她与两个同伴沐浴,吞燕子卵,怀孕生契。舜时为臣,助大禹治水有功,任司徒,掌管教化,赐姓子氏,封于商。　唐尧:即尧,传说中父系氏族社会后期部落联盟首领,古代圣明之君。陶唐氏,名放勋,史称唐尧。唐尧曾设官掌时令,制定历法。咨询四岳,推选舜为其继任人,对舜考核三年,命其摄位行政。死后由舜继位。

[6]　文王:指周文王。百子:指儿子多。《诗经·大雅·思齐》:"大姒嗣徽音,则百斯男。"

[7]　绍:继承。　徽:令闻美誉。

[8]　沩汭(wéi ruì)二女:指舜二妃娥皇、女英,为帝尧之女。

[9]　绍际:继承连接。　唐虞:指唐尧和虞舜。

[10]　涂:指夏禹之后涂山氏。　莘:指商汤之后有莘氏。

[11]　肇:发端,开始。

[12]　宣王:指周宣王。

[13]　楚昭:即楚昭王。　晏驾:车驾晚出。古代称帝王死亡的讳辞。

[14]　"越姬"句:越姬,越王勾践女,楚昭王姬;践,实行;心许,心中暗自应允。此句讲的是,一次楚昭王宴饮游乐,越姬侍从,玩得开心之时,昭王说:"愿与你同生死。"越姬因当时是宴游,便以"不敢从命"作答,但"心已许之"。后来昭王生病,有赤云夹日如同飞鸟,太史说此云危害昭王,请求移于将相。昭王认为将相如同自己的股肱,未允太史请求。越姬听后觉得昭王的品德太伟大了,于是便实践其心中已许下的诺言,自杀了。

[15] 明:指汉明帝刘庄(6—75)。汉光武帝之子。在位时,法令分明,又重儒学,亲临辟雍讲学。相传他曾遣使往天竺求佛经像,在洛阳建白马寺,为佛教传入中国之始。 和:指汉和帝刘肇(79—105)。汉章帝第四子。即帝位时年仅十岁,由窦太后临朝称制,外戚总揽朝政,朝官、地方官几乎皆由其党羽充任。永元四年(公元92年),刘肇与宦官郑众等联合,诛灭窦氏,迫窦太后归政。刘肇亲政后,选拔官吏,更改察举制度,使人口增加,疆土扩大。在位十年,终年二十七岁。

[16] 马:指汉明帝马皇后。每事奉皇帝,常论及政事,曾向明帝进言,赦免楚狱连坐者,对"永平之治"多所补益。又自撰《显宗起居注》。 邓:指东汉和帝皇后邓绥(81—121),南阳新野(今河南省新野)人,邓禹的孙女。为皇后时,曾下令禁绝州郡贡献珍奇物品。和帝多次欲授邓氏官爵,邓后哀辞拒绝。和帝去世,殇帝生下百日被立为皇帝。邓太后临朝称制,处理政务,朝中弊政,多所割除。殇帝去世后,策立安帝,仍临朝听政。选刘珍等五十多名儒者,在东观考订经典中的谬误。命中官近臣受读经书,为宗室子弟开设学校,授以经书。

[17] 高:指唐高祖李渊(566—635)。隋时为太原太守。隋末农民起义,李渊与儿子李建成、李世民等合谋起兵,攻进长安,次年称帝,建唐王朝。武德九年(公元626)传位于李世民,自己做太上皇。 文:指唐太宗李世民(599—649)。李渊称帝后,封其为秦王。武德九年发动玄武门事变,得立为太子。即位后,推行均田制、租庸调法,兴修水利,恢复农业生产,史称"贞观之治"。卒谥文武大圣大广孝皇帝,故称。

[18] 窦:指唐高宗李渊皇后窦氏(566—611),京兆始平(今陕西省咸阳市西北)人。北周上柱国窦毅之女,母为周武帝姐襄阳长公主。隋大业年间,李渊为扶风太守,有骏马数匹,窦氏劝其进献皇帝,以免招祸。李渊不听,因而得罪朝廷。窦氏死后,李渊追思其言,为保全自身,向朝廷进献鹰犬骏马,不久便被提拔为将军。

孙:指长孙皇后。她参与密谋策划玄武门之变,亲自慰问勉励参加政变将士,是太宗夺取政权得力内助。太宗言行每有偏颇,便婉转规谏。力劝太宗"亲君子,远小人,纳忠谏,屏谗慝,省作役,止游猎"。临终前教育子女不得越礼奢侈,以德、名为重。

[19] 宣仁:即宋英宗高皇后(1032—1093),蒙城(今安徽省蒙城)人。神宗病重,高太后临朝听政。哲宗嗣位,尊为太皇太后,哲宗年幼,太皇太后摄政,退王安石之党,用司马光等。废新法,成元祐之治,时人誉为"女中尧舜"。谥宣仁圣烈。

[20] 乌林:即金世宗昭德皇后,乌林答氏。世宗为济南尹时,海陵王完颜亮遍淫宗妇,召乌林至中都。她为使世宗免于难,便奉诏而行。至距离中都七十里时,乘人不备自杀,尽节于世宗。

[21] 弘吉:指元世祖昭睿顺圣皇后弘吉剌氏,名察必。济宁忠武王按陈之女。元世祖灭宋后,宋朝太后谢氏亦被带至京。太后不习北方水土。弘吉剌氏三次奏请送太后南归,世祖不允。并答复:太后南还,一有浮言,便会被废黜,不如时时抚慰,使之安适。此后,她待谢太后益优厚。

[22] 高帝:指明太祖朱元璋。 草莽:指地位微贱。

[23] 藉:借助。 孝慈:指马皇后,卒谥孝慈,故称。马后与

朱元璋同起创业,知道百姓的艰难,规谏他勤俭爱民,宽仁慈爱。庶子二十余,待如己子。

[24] 文皇:指明成祖朱棣(1360—1424),朱元璋第四子。初封燕王,守北平(今北京)。建文帝时,议削藩。朱棣用姚广孝谋,以"靖难"为名,起兵反。建文四年(公元1402年)破京师(今南京市),夺取帝位。即位后,加强中央集权;派郑和下西洋,宣扬国威;并组织编辑《永乐大典》。 肃:整饬。 内治:指对妇女进行教育。 宫闱:指帝王的后宫,后妃的住所。

[25] 资:依靠。仁孝:指明成祖皇后孝仁文皇后徐氏。

[26] 稽:考察。 兴王:励精图治,勤于王事的君主。

[27] 信:确实。

母仪篇

父天母地,天施地生[1];骨气像父[2],性气像母[3]。上古贤明之女有娠[4],胎教之方必慎。故母仪先于父训,慈教严于义方[5]。是以孟母买肉以示信[6],陶母封鲊以教廉[7]。和熊知苦,柳氏以兴[8];画荻为书,欧阳以显[9]。子发为将,自奉厚而御下薄,母拒户而责其无恩[10];王孙从君,主失亡而己独归,母倚闾而言其不义[11]。不疑尹京,宽刑活众,贤哉,慈母之仁[12]!田稷为相,反金待罪[13],卓矣,孺亲之训[14]!景让失士心,母挞之而部下安[15];延年多杀戮,母恶之而终不免[16]。柴继母,舍己子而代前儿[17];程禄妻,甘己罪而免孤女[18]。程母之教,恕于仆妾,而严于诸子[19];尹母之训,乐于菽水,而忘于禄养[20]。是皆秉坤仪之淑训[21],著母德之徽音者也[22]。

注释

[1] 天施地生:语出《易·益卦》。大意是,上天施降利惠,大地受益化生。

[2] 骨气:气概,气质。

[3] 性气:性情脾气。

[4] 有娠:怀孕。

[5] 慈教:慈母的教诲。

[6] 孟母买肉以示信:据《韩诗外传》载,孟子少时,东邻杀猪。孟子问母亲东邻为何杀猪,母亲说:"要给你吃肉!"既而孟母懊悔欺骗儿子,遂买东邻猪肉给孟子吃,以此表明不欺骗儿子。 示信:表示言而有信,说话算数。

[7] 陶母封鲊以教廉:晋代陶侃作鱼梁吏,自制鱼鲊送给母亲。陶侃母封鲊写信责备他不应以官物送给母亲。 教廉:教育儿子廉洁奉公。

[8] "和熊"二句:据《新唐书·柳公绰传》载,柳母韩氏善于教子,其子柳仲郢自幼好学,发愤读书。韩氏用熊胆制成丸,让仲郢夜晚读书时咀咽,借以提神醒脑。旧时称颂其教子有方。

[9] "画荻"二句:荻,芦苇。据《宋史·欧阳修传》载,欧阳修四岁丧父,其母郑氏亲自教他读书。家贫,买不起纸笔,就用芦苇在地上学写字。欧阳修自幼聪敏,颖悟过人,过目成诵,终成著名文学家。

[10] "子发"三句:指楚将子发带兵同秦军作战,当母亲从回国使者口中得知士兵无粮,而儿子却每餐食肉时,非常气愤。子发获胜而归,母亲拒之门外,并命人训斥他,直到认错,才准回家。

[11] "王孙"三句:王孙,指王孙贾,战国齐人;间(lǘ),古代

里巷的门。据《战国策·齐策》载,王孙贾十五岁侍奉齐闵王。闵王因淖齿作乱出逃,不知去向,王孙贾却独自回家。母亲责备他不该自己回来,王孙贾乃入市中,集合四百市人,与他一起杀了淖齿。

[12] "不疑"三句:不疑,指汉隽不疑,字曼倩,渤海(今河北省沧县东)人,官京兆尹;宽刑,宽缓刑罚;活众,拯救了许多人。据《列女传》载,不疑每巡行所辖县,省察囚徒罪状,归来后其母总是问他是否给囚徒平反,存活几人。如果不疑给什么人平反,其母便高兴,饮食言语都不同于平时。如果没有出脱什么人,其母便气得吃不下饭。因此隽不疑为官严厉而不残暴。

[13] "田稷"二句:战国齐相田稷子,因受贿遭母亲责备,后送还受贿黄金,向母亲请罪。

[14] 卓:卓越,高超。 孀亲:守寡的母亲。

[15] "景让"二句:指李景让打死手下人,军士怒而欲反,其母当即责打景让,平息此事。

[16] "延年"二句:延年,指汉代严延年。字次卿,东海下邳(今江苏省睢宁西北)人。官河南太守。据《汉书·严延年传》载,严母生五子,皆为太守。太守官俸二千石,故时称"万石严妪"。严延年作河南太守时,滥用刑法,杀人过多,以致流血数里,时称"屠伯"。母亲严厉斥责他,并警告说:我不想老年见壮年儿子被杀。后延年果然因此被治罪而死。

[17] "柴继"二句:据《元史·列女传》载,秦闰夫之妻柴氏,晋宁(今云南省昆明市南)人。闰夫前妻留下一子,后柴氏自己又生一子。闰夫死后,长子因他人犯罪被牵连,当判死罪。柴氏带次子到官府认罪,代替长子。后官府审问其他囚犯,得知实情。嘉许其行,二子皆

得免。

[18] "程禄"二句：南齐崖州参军继室王氏，程禄死后，她携前妻的女儿和自己的幼子扶丧归。崖州产珍珠，按当时法令，私带珍珠入关者死罪。王氏幼子将一串珍珠放入母亲镜奁中，他人不知。至海关被查出，母女争死，悲痛欲绝。官吏被她们的义举感动，未治罪，放归乡里。

[19] "程母"三句：程母，指宋代程颐、程颢之母侯氏(1004—1052)，太原盂县(今山西省阳曲东北)人。自幼聪悟过人，女功无所不能，又好读书，博知古今成败得失。其父爱之胜过诸子，每问以政，所言皆合父意，故其父叹息她不是男儿。据《上谷郡君家传》载，程母把小奴婢视如儿女，从不责打，但对儿子很严，不允许他们对饮食衣服有所求，不允许他们责骂奴仆。如果儿子与别人产生矛盾，即使有理，程母也不护佑。

[20] "尹母"三句：尹母，指宋代道学家尹焞之母。尹焞(1071—1142)，字彦明，一字德充，号和靖处士。济阳人。著有《和靖集》。据《宋史·尹焞传》载，尹焞少时拜程颐为师，曾应举人考试，试卷中有"诛元祐诸臣议"一题，他未答卷就出了考场，告诉程颐说："我不再应进士举了"。程颐说："你还有母亲在。"尹焞回家告诉母亲陈氏。陈氏说："我只知道你以善奉养我，不知道你以俸禄赡养我。"尹焞终生不再应举。　菽水：豆和水。指粗茶淡饭，形容生活清苦。

[21] 坤仪：母仪。

[22] 母德：人母的德性。　徽音：德音，令闻美誉。

孝 行 篇[1]

男女虽异,劬劳则均[2];子媳虽殊[3],孝敬则一。夫孝者,百行之源,而尤为女德之首也。是故杨香扼虎,知有父而不知有身[4];缇萦赎亲,则生男而不如生女[5]。张妇蒙冤,三年不雨[6];姜妻至孝,双鲤涌泉[7]。唐氏乳姑,而毓山南之贵裔[8];卢氏冒刃,而全垂白之孺慈[9]。刘氏啮姑之蛆,刺臂斩指,和血以丸药[10];闻氏舐姑之目,断发矢志,负土以成坟[11]。陈氏方于归而夫卒于戍,力养其姑五十年[12];张氏当雷击而恐惊其姑,更延厥寿三十载[13]。赵氏手戮仇于都亭以报父[14],娟女躬操舟于晋水以活亲[15]。曹娥抱父尸于盱江[16],木兰代父征于绝塞[17]。张女割肝,以苏祖母之命[18];陈氏断首,两全夫、父之生[19]。是皆感天地,动神明,著孝烈于一时,播芳名于千载者也,可不勉欤!

注释

[1] 孝行篇:此篇所记皆为女子竭尽孝心的故事。其中那些割肝类的愚孝,是荒唐的,也是愚蠢的,为今日所不取。

[2] 劬(qú)劳:劳累,劳苦。

[3] 子媳:儿子与儿媳。

[4] "杨香"二句:据南朝宋刘敬叔《异苑》载,晋代杨香为杨丰之女,随父亲在田间割稻。杨丰被虎咬,当时杨香年仅十四岁,手无寸铁,扼住虎颈,虎被惊跑,其父得救。

[5] "缇萦"二句:缇萦,即淳于缇萦(公元170年前后在世),西汉民间女子,临淄(今山东省淄博)人,医学家淳于意之女。淳于意有五女无儿。汉文帝时,淳于意

有罪当受肉刑。皇帝下诏把淳于意带到长安,临行时淳于意大骂:"生子不生男,有急事没用处。"缇萦听后很悲伤,自随其父到长安,上书汉文帝,愿作宫婢,以赎父刑。文帝感动,不久下令废除肉刑,淳于意得免。

[6] "张妇"二句:即东海孝妇的故事。据《搜神记》载,孝妇精心奉养婆母,婆母自觉已老,不愿拖累孝妇,自缢而死。其女告官,说为孝妇所杀,于是孝妇被官府捉拿下狱,屈打成招。孝妇死后,郡中大旱三年,直至太守亲自到她墓前祭祀,旌表其墓,天始降雨。

[7] "姜妻"二句:姜妻,指东汉广汉(今四川省射洪南)姜诗之妻。同郡庞盛之女。姜诗至孝,其妻尤甚。姜母好饮江水,喜欢吃鱼,但水源距其住所数里。姜诗因汲水溺死,庞氏独自千方百计供其食用。后屋旁突涌泉水,味道与江水同。每天早晨总有两条鲤鱼跃出,可供姜母食用。

[8] "唐氏"二句:唐氏,指唐节度使崔琯的祖母;山南,指崔琯,字从律,博陵人,官至山南西道节度使,故称;毓,同"育",培育;贵裔,贵族子弟。据《唐书·柳玭传》载,唐氏的婆母长孙夫人年高,牙齿脱落,不能吃粮食,靠其乳汁活数年,身体健康。临终说,我无以报答,唯愿子孙都像你一样。后来崔氏子孙作台阁重臣、藩镇节度使的达数十人,天下推为士族之冠。时人认为崔家因此而昌盛。

[9] "卢氏"二句:卢氏,唐代郑义宗妻,范阳(今河北省涿县)士族,涉猎书史;垂白,年老;孺慈,守寡的婆母。据《唐书·列女传》载,卢氏侍奉婆母极恭顺。夜里有盗贼持兵器劫其家,众人皆逃去,只有其婆母不能走。卢氏冒着盗贼的刀锋保全了婆母,自己几乎被贼打死。

[10] "刘氏"三句:刘氏,明代韩太初妻;啮(niè),咬。据《明史·列女传》载,韩太初元代时为知印。明代洪武初年,全家迁和州,途中韩母病,刘氏用自己的血和药给婆母吃,病愈。后韩太初病死,韩母又患病,身体腐烂生蛆,刘氏为之咬蛆,割自己的肉给她吃,使之渐渐恢复。

[11] "闻氏"三句:据《绍兴府志》载,闻氏为元代山阴(今浙江省绍兴市)人,俞新之妻。大德四年(公元1300年)俞新之死时,闻氏还很年轻,便断发自誓不改嫁。婆母双目失明,闻氏每天漱口为其舐目,得以复明。后婆母病死,闻氏携子背土筑坟埋葬。

[12] "陈氏"二句:宋陈氏,出嫁不及一旬,其夫便远行戍边。临行前托妻子奉养其母。后夫戍死不归,陈父欲劝女改嫁,陈氏以自杀抗父命。后奋力劳作,独自奉养婆母五十年。

[13] "张氏"二句:宋代顾德谦妻。梦中神示,明日当为雷击死。傍晚听到雷声很大,恐惊其婆母,便出屋跪桑树下等死。空中有神说:这是孝妇,应延长其寿命三十年。此事中穿插的封建迷信色彩为今日所不取。

[14] "赵氏"句:赵氏,即赵娥,赵君安之女,庞子夏之妻,酒泉庞淯之母。据《后汉书·列女传》载,赵娥之父为同县人李寿所杀,娥与三个弟弟皆欲为父报仇。因遭灾疫,三个弟弟皆死,赵氏一人筹划十几年,至光和二年(公元179年),亲手杀死李寿,然后提其首级到官府自首。

[5] "娟女"句:娟女,春秋时赵河津吏之女,名娟,后被赵简子纳为夫人。据《列女传》载,赵简子南攻楚,河津吏醉卧,不能渡他们过河。简子大怒,要杀河津吏。其女自

求代父死,河津吏得免。将要渡河,少一个人划船,娟要求代替父亲,简子不答应,不愿与之同舟,被女娟说服。渡河时她还为简子唱《河激歌》,简子很喜欢,便聘之为夫人。

[16]"曹娥"句:曹娥,东汉会稽上虞(今浙江省上虞县)人。其父曹盱为巫祝。汉安二年(公元143年)五月五日迎神时溺死江中,尸体流失。曹娥当时十四岁,沿江号哭十七天,昼夜不停,投江而死。 盱(xū)江:即汝水,在江西省东部。

[17]"木兰"句:木兰,即北朝乐府民歌《木兰诗》中的木兰。她女扮男装,替父从军赴塞外杀敌的故事,历代传诵不衰。

[18]"张女"二句:淮安女张二娘,祖母病危,医生说吃肝可以治愈,二娘便自割其肝,烹以进祖母,祖母病愈。

[19]"陈氏"二句:陈氏,汉长安大昌里人之妻。有仇人欲杀其夫,知陈氏孝顺,便劫陈氏之父为人质,逼她做内应。陈氏为两全父亲和丈夫的性命,应允仇人的要求,并以新沐浴过、头向东卧于楼上者为暗号。届时,她让丈夫卧于别处,而自己沐浴后头向东卧于楼上。夜半仇人砍其头而去,天明一看,却是陈氏之首,悔恨哀痛,又感陈氏之义,放过其夫。

贞烈篇

忠臣不事两国,烈女不更二夫[1]。故一与之醮,终身不移。男可重婚,女无再适[2]。是故艰难苦节谓之贞[3],慷慨捐生谓之烈[4]。令女截耳劓鼻以持身[5],凝妻牵臂劈掌以明志[6]。共姜髡髦之诗,"之死靡他[7];史氏刺面之文,中心不改[8]。皇甫夫人直斥逆臣,膏斧钺而骂不绝口[9];窦家二女不从乱贼,投危崖而奋不顾身[10]。董氏封发以待夫归,二十年不施膏沐[11];妙慧题诗以明己节,三千里复见生逢[12]。桓夫人义不同庖,而吟匪石之诗[13];平夫人持兵闭巷,而却阃间之犯[14]。"夫之不幸,妾之不幸",宋女之言哀[15];"使君有妇,罗敷有夫",赵王之意止[16]。梁节妇之却魏王,断鼻存孤[17];余郑氏之责唐帅,严词保节[18]。代夫人深怨其弟,千秋表磨笄之山[19];杞梁妻远访其夫,万里哭筑城之骨[20]。唐贵梅自缢于树以全贞,不彰其姑之恶[21];潘妙圆从夫于火以殉节,而活其舅之生[22]。谭贞妇庙中流血,雨渍犹存[23];王烈女崖上题诗,石刊尚在[24]。崔氏甘乱箭以全节[25],刘氏代鼎烹而活夫[26]。是皆贞心贯乎日月[27],烈志塞乎两仪[28],正气凛于丈夫[29],节操播乎青史者也[30],可不勉欤!

注释

[1] 烈女:刚正而有节操的女子。 更二夫:指改嫁。
[2] 再适:妇女改嫁。
[3] 苦节:艰苦卓绝、守志不渝。指女子守节。
[4] 捐生:舍弃生命。
[5] "令女"句:令女,夏侯文宁之女,名令女,曹爽从弟文叔之妻。据《三国志·魏书·曹爽传注》及《列女传》载,曹文叔早死无子,令女断发为信,誓不再嫁。后家人欲劝其改嫁,令女又割去两只耳朵。令女依曹爽而居,曹爽诛,令女叔父上书绝婚,强迫她回娘家。令女又割去鼻子,以表明自己守节至死。司马宣王听说此事,极为嘉许,允许她领养一子,作为曹氏后代。
[6] "凝妻"句:凝妻,指后周虢州司户王凝妻李氏。王凝为虢州(今河南省灵宝县南)司户参军,因病死于任所。

家中贫穷,李氏携幼子背王凝遗体返乡,东过开封,欲宿旅店。店主心生疑虑,不允宿,牵其肘拉出门。李氏仰天长叹,觉得手臂被污,是不能守节,便用斧子自断其臂。开封府尹闻此事,报告朝廷,官府赐药治其伤,抚恤李氏,鞭打店主。

[7] "共姜"二句:共姜,指卫世子共伯之妻。髡(dàn)髦(máo)之诗,指《诗经·鄘风·柏舟》中诗句:"髡彼两髦",髡,头发向下垂;之死靡他,亦为《诗经·鄘风·柏舟》中诗句,大意是,至死也无二心。据《柏舟》诗序及唐代孔颖达疏载,卫世子共伯早死,父母逼其改嫁,共姜守义,作此诗自誓,以绝父母之念。

[8] "史氏"二句:明代史氏女,溧阳(今属江苏省)人。许配邵一龙,未嫁而夫死。父母欲另择婿,史氏刺面文曰"中心不改",痛得晕过去;后又用墨描黑刺文,有一画不清,再补刺。

[9] "皇甫"二句:皇甫夫人,指东汉皇甫规之妻。据《后汉书·列女传》载,夫人年轻寡居,貌美。相国董卓闻其名,以厚礼聘之。夫人不从,亲至董卓门前,哀辞跪请。董卓命奴仆侍者拔刀相逼,夫人知不能自免,起身大骂董卓。董卓恼怒,命人将其头悬在车轭上,鞭打至死。

[10] "窦家"二句:据《旧唐书·列女传》载,窦家有二女,长伯娘,次仲娘,为京兆奉天(今陕西省乾县)人。唐德宗时朱泚之乱,盗贼抢掠,二女避乱藏山谷岩洞中。草寇闻二女有姿色,从洞中搜出,欲带走。姐妹二人义不受污,先后跳入山谷。后京兆尹旌表其门,并长免其家徭役。

[11] "董氏"二句:董氏,唐代贾直言妻。据《新唐书·列女传》载,贾直言因事贬岭南(今属广东省),临行前与妻

子诀别,嘱其立即改嫁。董氏不应,以帛封发。贾直言被贬二十年归,当年封发之帛尚在。董氏至此解发梳洗,头发全部脱落。

[12] "妙慧"二句:妙慧,明代扬州卢进士妻李妙慧。其夫科举及第未归,讹传已死。父母欲其改嫁南昌巨商谢启,并将妙慧骗上谢家商船带回老家豫章。妙慧屡次自杀未遂,船过金山寺时,她题诗寺中:"盖棺不作横金妇,入地当寻折桂郎;新诗题在金山寺,高挂云帆过豫章。"下署:扬州进士卢某妻李妙慧题。卢授官归,不见妻子,过金山寺见诗,弃官直追到豫章。豫章船商很多,难于寻找,卢夜晚绕商船唱妙慧的诗。谢母乃妙慧族姑,听到后招卢来见,此时妙慧已削发为尼。后妙慧还俗,夫妻团圆。

[13] "桓夫人"二句:桓夫人,据刘向《列女传》当是"寡夫人";庖,厨房,只有夫妇才能同庖;"匪石"之诗,指《诗经·邶风·柏舟》,其中有"我心匪石,不可转也"句。这两句指卫寡夫人拒绝嫁给新卫君之事。

[14] "平夫人"二句:平夫人,指秦穆公之女,楚平王夫人伯嬴,楚昭王之母;兵,指兵器;阖闾,即阖庐(? —前496),春秋末吴国君,名光。吴王诸樊之子。公元前514至前496年在位。他用专诸刺杀吴王僚而自立。用楚国亡臣伍子胥,屡次打败楚国,攻入楚国都城。后与越王勾践战,兵败而死。据《列女传》载,楚昭王时,楚与吴有伯莒之战,吴国获胜,攻入楚都城郢,昭王逃亡。吴王阖庐全部占有昭王后妃,而后找到伯嬴。伯嬴持刀斥责吴王,宁死不从。吴王惭愧退去。伯嬴与保阿闭永巷之门,三旬不放兵器,至秦国救兵到,昭王复位。

[15] "夫之"三句:宋女,春秋时宋人之女,嫁于蔡,为蔡人之妻。据《列女传》载,宋女丈夫有痛苦难治的疾病,母亲欲其改嫁,宋女不从,说:"夫之不幸,乃妾之不幸也,怎能离开他?"并作《芣苢》诗以明志。

[16] "使君"三句:使君,东汉时对太守、刺史的称呼;罗敷,姓秦,战国时赵国妇女,邯郸(今河北省邯郸)人,为邑人(赵王家将)千乘王仁之妻。据古诗《陌上桑》载,罗敷非常美,在陌上采桑时,赵王见到,想据为己有,便请她一同乘车而去。罗敷回答:"使君一何愚!使君自有妇,罗敷自有夫!"

[17] "梁节"二句:梁节妇,指战国时梁国的寡妇高行;魏王,即梁王,因魏惠王迁都于大梁,故魏亦称梁。据《列女传》载,她貌美且敏于行,年轻守寡。梁国贵人争着想要娶她,均被拒绝。梁王听说后,派人聘娶她,节妇告诉使者,丈夫死后,自己本应随他而去,只因要养育其幼孤。为明示节操,便用刀割去自己的鼻子。梁王称誉她的高尚行为,封尊号为"高行"。

[18] "余郑氏"二句:余郑氏,后晋大将余洪敬妻郑氏。据李昌龄《乐善录》载,郑氏貌美,南唐军队攻建州(今属福建省),郑氏被乱兵所掳,裨将王建封欲行非礼,郑氏不从。王建封把她献给大将查文徽,查亦欲非礼。郑氏责骂查身为国家上将,知书达理,不能封赏义夫节妇,为下表率,反而对妇人非礼,以满足私欲。查非常惭愧,找到其夫,交还郑氏。

[19] "代夫人"二句:代夫人,春秋时赵简子之女,赵襄子之姊,代王夫人;磨笄之山,即历山,又名千佛山,在今济南市南郊。据《列女传》载,赵襄子杀死代王,举兵平代,并迎其姊。代夫人因国破家亡,无处可去,呼天抢

地,自杀于磨笄山。

[20] "杞梁"二句:杞梁妻,春秋齐大夫杞梁殖之妻。齐庄公四年,其夫杞梁殖参加攻莒(今山东省莒县)之战被俘而死。她到郊外迎丧,痛哭十日,城墙倒塌,投淄水而死。此后演变为民间传说中的孟姜女故事。相传其夫婚后三日即被派遣去筑长城,为官吏击杀,孟姜女千里寻夫,哭于长城之下,长城为之崩塌。

[21] "唐贵梅"二句:唐贵梅,贵池(今安徽省南部)人。据《明史·列女传》载,贵梅嫁给同里朱家之子。其婆母与富商私通,富商又欲得到贵梅,百计营谋,贵梅始终不从。其婆母告贵梅不孝,为不张扬婆母罪恶,又保全自身名节,贵梅自缢而死。

[22] "潘妙"二句:潘妙圆,元代徐允让妻,山阴(今浙江省绍兴)人。据《元史·列女传》载,至正十九年(公元1359年),妙圆与丈夫、公公在山谷间避兵乱。公公被乱兵抓去,丈夫去救,公公逃脱,丈夫却被乱兵杀死。乱兵欲强行侮辱妙圆,妙圆佯装应允,但要求先焚烧丈夫遗体,而后从之。乱兵信其言,点火焚尸。妙圆乘间投火自尽。

[23] "谭贞妇"二句:谭贞妇,谭家儿媳,姓赵,宋代吉州永新(今属江西省)人。据《宋史·列女传》载,至元十四年(公元1277年),江南已归入元朝版图,只有永新还在坚守。元兵破城后,赵氏抱婴儿,随其公婆藏在县学中,被元兵发现。元兵杀死其公婆,欲侮辱赵氏。赵氏不从,且大骂元兵,于是与婴儿同被杀。血溅在县学礼殿墙上,浸入砖中,呈现妇人与婴儿形状,历时长久,仍宛然如新。

[24] "王烈女"二句:王烈女,夫家宋代临海(今属浙江省)

人。据《宋史·列女传》载,南宋德裕二年(公元1276年)冬,元兵进入浙东,王氏公婆、丈夫被杀。元军主帅见王氏貌美,欲娶之。王氏不从,自杀未遂,佯称为公婆服丧后从命。次年春,主帅带王氏行至嵊县青枫岭,下临绝壁,王氏乘看守不备,咬破手指,在山石上留诗一首,随后跳崖而死。字的血迹浸入石间,阴雨时即鼓胀,像刚写时一样。

[25] "崔氏"句:崔氏,隋代崔儦之女,赵元楷之妻,清河(今属河北省)人。据《隋书·列女传》载,宇文化及反,崔氏随夫至河北,将归长安,在滏口遇盗贼攻掠,赵元楷逃脱,崔氏被拘。贼要娶她为妻。崔氏夺贼刀,倚柱大骂,贼大怒,乱箭射死崔氏。后赵元楷捉到杀妻之贼,肢解后祭其亡灵。

[26] "刘氏"句:刘氏,元代李仲义妻,名翠哥,房山人。据《元史·列女传》载,至正二十年(公元1360年),县中灾荒,平章刘哈剌不花兵乏食。捉住李仲义欲煮食。刘氏请求献出家中所藏米、酱,以救夫命,兵不允。刘氏以黑胖的妇人味美为由,自请代替丈夫。兵释放其夫,煮食刘氏。

[27] 贞心:坚贞不移的志向。　贯:掩蔽。

[28] 烈志:壮志,大志。　塞:充满,充塞。

[29] 凛:可敬。

[30] 播:传扬。

忠 义 篇

君亲虽曰不同[1],忠孝本无二致。古云:"率土莫非王臣[2],"

岂谓闺中遂无忠义[3]？咏小戎之驷,勉良人以君国同仇[4]；伐汝坟之枚,慰君子以父母孔迩[5]。美范滂之母,千秋尚有同心[6]；封卞壶之坟,九泉犹有喜色[7]。江油降魏,妻不与夫同生[8]；盖国沦戎,妇耻其夫不死[9]。陵母对使而伏剑[10],经母含笑以同刑[11]。池州被围,赵昂发节义成双[12]；金川失守,黄侍中妻女同尽[13]。朱夫人守襄阳,而筑城以却秦寇[14]；梁夫人登金山,而击鼓以破金兵[15]。虞夫人勉孙力勤王事[16],谢夫人甘俘虏以救民生[17]。齐桓尸虫出户[18],晏娥逾垣以殉君[19]；宇文白刃犯宫,贵儿捐生以骂贼[20]。鲁义保以子代先公之子[21],魏节乳以身蔽幼主之身[22]。孙姬,婢也,匍伏湖滨以保忠臣血荫[23]；毛惜,妓也,身甘刀斧,耻为叛帅讴歌[24]。刘母非不爱子,知军令之不可干[25]；章母非不保家,愿阖城之俱获免[26]。是皆女烈之铮铮[27],坤维之表表[28],其忠肝义胆,足以风百世而振纲常者也[29]。

注释

[1] 君:指君王。 亲:指父母。

[2] "率土"句:语出《诗·小雅·北山》:"率土之滨,莫非王臣。"大意是,四海之内没有不是君王之臣的。

[3] 闺中:闺,本指闺房、内室,这里借指女子。闺中,即女子之中。

[4] "咏小戎"二句:咏,吟咏,诵读;小戎,周代兵车之一种;驷,古代一车套四匹马,因称一车之四马或四马所驾之车为驷;良人,古代妻子称丈夫。这两句指《诗·秦风·小戎》。《诗序》认为,此诗赞美秦襄公备甲兵讨西戎。诗中叙述国人夸耀他们的车甲,妇人在国家征伐西戎时忧虑其君子,勉励他们与国君同仇。

[5] "伐汝"二句:汝,指汝水;坟,水边高地;枚,指树干;君子,指丈夫;孔,很;迩,近。这两句指《诗·周南·汝

坟》。诗中有"父母孔迩"句。此诗写一位妇女怀念其行役的丈夫。旧说此诗咏南国受文王教化,所以妇人既怜悯关心丈夫之辛劳,又勉励其尽力王事,早早归来。

[6] "美范滂"二句:范滂(137—169),字孟博,东汉汝南征羌(今河南省郾城东南)人。举孝廉,为清诏使,澄清吏治,抑制豪强,每至一处,贪官污吏皆闻风而去,故得罪宦官。因大杀党人,范滂被捕入狱,范母探监与之诀别,为儿子能与李、杜齐名而骄傲。文中这两句是指苏轼的母亲与范滂的母亲想法相同。据《宋史·苏轼传》载,一次苏母读《范滂传》,慨然叹息,苏轼问其故,苏母说:如果你能如范滂,那么我也将像范母一样为你骄傲,不奢求其长寿。

[7] "封卞壶"二句:卞壶(281—328),字望之,晋代济阴冤句(今山东省曹县西北)人。官至尚书令。晋成帝初立,与庾亮同心辅政,勤于政事。苏峻作乱,率兵攻京师,卞壶抱病出征战死。卞壶二子卞珍、卞盱见父战死,相随赴战场,同时被害。卞壶墓在冶城,相传明太祖建朝天宫,欲平其坟,见一妇人穿孝服而大笑。太祖上前询问,妇人回答:我的丈夫为忠而死,我的儿子为孝而死,我是忠臣妻、孝子母,有什么可悲戚的!说完人就不见了。太祖问后方知坟是卞壶坟,妇人为其妻,于是为之建祠封墓。这个故事中的迷信色彩不可取,但其中所歌颂的忠肝义胆尚可称颂。

[8] "江油"二句:江油,地名,故地即今四川省北部江油县;魏,指三国时的魏国。这两句指三国蜀将马邈降魏之事。据《四川总志》载,炎兴元年(263年)十一月,魏将邓艾从阴平径直打到江油县。江油守将马邈不防守,

并告诉妻子李氏,魏兵到时,一定投降。李氏当即唾其面,责备他不忠不义,誓不与之共生。邓艾到江油,马邈请降,李氏自缢而死。

[9] "盖国"二句:据《列女传》载,西戎伐盖国,杀盖国君王,并下令:盖国群臣敢有自杀者,妻子尽诛。盖之偏将邱子自杀未遂,回到家中,妻子责其无事君之礼,弃忠臣之公道,营妻子之私爱,偷生苟活,不愿与他共同蒙受耻辱而偷生,自杀身亡。犬戎之君认为她贤明,为之立祠,用太牢祭祀,因此未灭盖国。

[10] "陵母"句:汉王陵从刘邦击项羽,项羽取其母,欲招降王陵。陵母伏剑而死,以定子之志。

[11] "经母"句:经母,指三国魏王经之母。王经,字彦纬。据《三国志·魏书》载,王经作江夏太守时,母亲劝他,田家子,官至二千石,可以停止了,否则不吉祥。王经未从。一次,大将军曹爽交给王经绢二十匹,令其到吴国互市。王经未拆开书信,便弃官回家。母亲问明实情,认为儿子掌管军队而擅自离去是失职,便把他交官,杖五十。曹爽听说后,也没治罪。后因高贵乡公事,王经母子同被杀。临刑时,王经哭着说:"孩儿连累母亲了。"王母说:"你为忠臣,我含笑而入地,有什么遗憾?"

[12] "池州"二句:池州,地名,相当于今安徽省贵池青阳、东至县等地;赵昂发,《宋史》作"赵卯发",字汉卿,宋代昌州人,官池州通判。元兵渡江,池州太守弃官而去,赵卯发代理州事,并筹划防守之计。他让妻子雍氏提前离开池州,自己誓与城池共存亡。雍氏不从,欲先卯发而死,被他制止。元军兵临城下,卯发写下"国不可背,城不可降;夫妇同死,节义成双"几句话后,与妻子

盛装,自缢而死。

[13] "金川"二句:金川,指明朝京城(今南京市)的金川门。黄侍中,指黄观,字伯澜,一字尚宾,贵池(今属安徽省)人,官右侍中。明成祖朱棣兵入金川门,建文帝出逃,侍中黄观先出征,成祖命人追捕其妻翁氏及女儿,并赐予象奴。象奴索翁氏的首饰去买酒,翁氏母女趁机同投淮清桥下而死。黄观闻国变,知妻翁氏及女儿必死,为她们招魂葬于江上,自己投江而死。后人为之建祠。

[14] "朱夫人"二句:朱夫人(公元377年前后在世),晋代女将韩氏,梁州刺史朱序之母。公元372年,朱序镇守襄阳,前秦军攻城,朱序督师固守中城,其母登城巡视,发现西北角城墙不坚固,亲率城中妇女筑斜城二十余丈。前秦军队于此攻城,攻破旧城墙,斜城久攻不克,粮尽而退。朱序引兵追击,大获全胜。夫人名声大振,斜城被称为"夫人城"。

[15] "梁夫人"二句:梁夫人,指宋代抗金大将韩世忠之妻梁红玉。本为京口倡女,韩世忠寒微时与之相识,结为夫妻。韩世忠显贵时,封其为安国夫人,世称梁夫人;金山,在江苏省镇江市西北,本在江中,后沙涨成陆,与南岸相连。据《宋史·韩世忠传》载,建炎四年(公元1130年),韩世忠与金兀术大战黄天荡,梁红玉亲自擂鼓助战,使金兵不得渡江,大破金兀术于镇江。

[16] "虞夫人"句:虞夫人,孙氏,吴郡富春(今浙江省富阳)人,孙权族孙女,虞潭之母。其夫虞忠早亡,孙氏誓不改嫁,抚育幼子。虞潭为南康(今属江西省)太守时,正值杜弢造反,虞潭率兵讨伐。孙氏勉励虞潭为国尽忠,并倾家产犒劳军士。虞潭讨逆大捷。苏峻作乱,虞潭为吴兴(今属浙江、江苏两省)太守,又率兵征讨。孙氏

派全部家僮随军出征,变卖服饰,以充军资。会稽(今属浙江省)内史王舒派儿子王允为军督护。孙氏鼓励虞潭学王舒送子出征。虞潭便命子虞楚为督护,与王允合力讨贼。

[17] "谢夫人"句:谢夫人,指宋代谢枋得妻李氏。饶州安仁(今江西省上饶地区)人。聪明美丽,通《女训》等书。宋末谢枋得为信州(今江西省上饶市)知州,元兵东下,谢枋得力战兵败,逃入福建建宁山中。武万户因枋得是豪杰,恐其煽动变乱,悬赏捉拿,牵连家人。李氏带二子藏于贵溪山荆棘中。元兵追踪到山中,扬言如果捉不到李氏,就杀全墟人。李氏闻信,带二子自投罗网。后李氏自缢身死,二子获免。

[18] "齐桓"句:齐桓,指齐桓公;尸虫出户,据《史记·齐太公世家》载,桓公有五子,他年老病重时,五子各自树立党羽,争自立为太子,桓公死后,便互相攻击,宫中空虚,无人装殓,在床上停放六十七天,尸体生蛆,爬出了门,直至公子无诡立,才敛殡。

[19] "晏娥"句:晏娥,宫女。桓公临死前,易牙、竖刁、开方等封闭宫门,不许人进。晏娥从墙上爬进屋,见桓公一面,发誓要为桓公而死。桓公死后,她便在其身边自缢而死。

[20] "宇文"二句:宇文,指宇文化及(?—619),隋代郡武川(今属内蒙古自治区)人,鲜卑族。隋炀帝时任右屯卫将军。大业十四年,在江都与司马德戡发动兵变,杀死炀帝,立秦王杨浩为帝,自为大丞相。后率军北上,被李密击败,逃到魏县(今河北省大名东),毒死杨浩,自立为帝,国号许,年号天寿。次年被窦建德杀。 贵儿:隋炀帝宫女朱贵儿。宇文化及兵变冲进宫,欲杀炀

167

帝,朱贵儿用自己的身体蔽护,大骂谋逆,至死不绝口。

[21]"鲁义"句:鲁义保,指鲁孝公之保姆,臧氏之寡妇。据《列女传·鲁孝义保》载,鲁懿公时,义保与其子在宫中奉养公子称。懿公之子伯御与鲁人作乱,杀懿公自立,又欲杀公子称。义保闻信,让儿子穿上公子称之服,卧于公子称之处。伯御杀义保之子,义保抱公子逃出宫十一年。后周天子杀伯御,立公子称为孝公。

[22]"魏节乳"句:魏节乳,指魏公子之乳母。据《列女传·魏节乳母》载,秦国破魏,杀魏王瑕及诸公子,只有一位公子找不到,于是秦国发布命令:"找到公子者赐金千镒,藏匿者灭九族。"乳母带公子逃出虎口,后被魏旧臣发现,以赏金引诱乳母交出公子。乳母誓死不交,抱公子逃至深泽中。魏旧臣告发,秦军追至深泽,争相射公子,乳母用身体护卫,身中数箭,与公子同归于尽。

[23]"孙姬"三句:孙姬,指明代花云家的侍儿孙氏。据《殉身录》载,花云为太平州(今属安徽省)太守,陈友谅率水军入寇,城陷落,花云不屈而死。其妻郜氏将三岁的儿子花炜托付给孙氏后,投水而死。陈友谅军掠孙氏至九江。孙氏恐花炜被害,将孩子交给一渔妇。当年冬,明军打败陈友谅,孙氏脱身到渔家,找到孩子,连夜逃走。次日行至江边,恰遇陈军溃逃,争船渡江,她们被投入江中,漂流到芦苇荡中,靠芦苇充饥,后遇一老翁得救。

[24]"毛惜"四句:毛惜,宋高邮歌妓毛惜惜。据《宋史·列女传》载,南宋端平二年(公元1235年),别将李全率众据城叛乱,制置使派人招降。李全诈降,实欲杀害来使。他与同党王安等宴饮,命毛惜惜唱歌助兴。席间,毛惜惜斥责众叛逆,耻于事奉,被李全杀害。

[25] "刘母"二句:刘母,指南唐清淮节度使越王刘仁赡妻薛氏。据《清河县志》载,刘仁赡为寿春守,周世宗率大军攻寿春,仁赡誓死坚守。其幼子泛小舟独自逃生,仁赡命按军法斩其首。监军向夫人薛氏求救。薛氏深明大义,知军令不容改,便催促监军行斩。城陷,仁赡与其妻不食而死。

[26] "章母"二句:章母,指章均之妻练氏。据《石林燕语》载,章均为王审知偏将,率军守西岩。一日盗至,章均军不能抵敌,派两个校尉向王审知求援,误期,章均将斩二校尉,练氏为他们说情未允,便私下送去钱,让他们逃生。后二校尉投奔南唐,奉命率兵攻福建。当时章均已死,练氏仍在城中,他们派使者告知次日将攻城屠杀全城军民之事,请练氏速出城。练氏誓与全城人同生死,义不独存。二将感其行,退兵而去。

[27] 铮铮:坚贞,刚强。

[28] 坤维:本指大地中央,此指天下。　表表:卓异,特殊。

[29] 风:劝勉。　百世:世世代代。

慈爱篇

任恤睦姻[1],根于孝友[2];慈惠和让[3],本于宽仁[4]。是故螽斯缉羽[5],颂太姒之仁;银鹿绕床[6],纪恭穆之德。士安好学[7],成于叔母之慈;伯道无儿,终获子绥之报[8]。义姑弃子留姪,而却齐兵[9];览妻与姒均役,以感朱母[10]。赵姬不以公女之贵而废嫡庶之仪[11],卫宗不以君母之尊而失夫人之礼[12]。庄姜戴妫,淑惠见于《国风》[13];京陵东海,雍睦著乎世范[14]。是皆秉仁慈之懿[15],敦博爱之风[16],和气萃于家庭[17],德教化于邦国者也[18],不亦可法欤!

注释

[1] 任恤睦姻:语出《周礼·地官·大司徒》。任恤,诚信并给人帮助,同情人;睦姻,对宗族和睦,对亲戚邻里亲密。

[2] 根:植根。

[3] 慈惠:仁慈。 和让:谦和退让。

[4] 宽仁:宽厚仁慈。

[5] 螽斯缉羽:语出《诗·周南·螽斯》:"螽斯羽,揖揖兮。"螽斯,虫名;揖羽,聚集在一起。这里以螽斯揖羽喻子孙众多,和缉如一。

[6] "银鹿"二句:五代时吴越文穆王钱元瓘妃马氏,无子,请求为文穆王纳妾。后妾生子十五人。马妃亲爱无别,置大银鹿于床,小银鹿十余,诸子抱银鹿绕床而戏。

[7] 士安:指皇甫谧,字士安。

[8] "伯道"二句:伯道,指晋代邓攸,字伯道,官至尚书右仆射;绥,指攸弟之子邓绥。据《晋书·邓攸传》载,邓攸因避石勒兵乱,带儿子、侄子逃难,路上.因势不能两全,便丢掉儿子,保全了侄子。以后他再也没有儿子。邓攸死后,邓绥像亲生儿子那样为之服丧三年。

[9] "义姑"二句:义姑,即义姑姊,鲁国平民百姓的妻子。据《列女传》载:齐国攻鲁,义姑姊带兄子与儿子逃往山中。齐军将至,便丢下儿子,带上兄子继续逃命。齐将追上她们,查明原委,问其故,妇人回答:救兄子是公义,保己子是私爱,不能背公义而向私爱。齐将派人报告齐君,鲁国不可伐,山野妇人皆知持节行义,不以私害公,何况朝臣士大夫?齐君允许罢兵还师,赐妇人束

帛,封"义姑姊"。

[10] "览妻"二句:览,指晋王览。据《晋书·王祥传》载,王祥之母早亡,继母朱氏待他很不好,朱氏亲生子王览多次劝阻。朱氏无休止地役使王祥妻。王览妻便与她共同去做。朱氏感悟,从此对两个儿子和儿媳一视同仁。

[11] "赵姬"句:赵姬,晋赵衰妻,晋文公之女,号赵姬。据《列女传》载,赵衰随公子重耳逃至狄国,娶叔隗,生赵盾。归国后,晋文公(重耳)把女儿嫁给赵衰,生三子。经赵姬请求,迎赵盾母子回国,立赵盾为嫡子,亲生三子处其下;使叔隗为内子(嫡妻),自己处其下。

[12] "卫宗"句:卫宗,指魏宗室灵王傅妾。据《列女传》载,秦灭卫,封灵王世家。灵王死,其夫人无子守寡,而傅妾有子继承灵王世家香火。按礼,夫人无子当出居外,但傅妾侍奉夫人八年,不变故节,供养极谨慎。夫人以为这样不合礼节,要求出居外。傅妾则以为那是忤逆,与其忤逆而生,不如处顺而死,欲自杀。其子哀请,不听,直至夫人应允留下,终年供养。

[13] 庄姜:指卫庄公夫人,齐国太子得臣的妹妹。庄姜貌美,无子。《诗·卫风·硕人》为她而作。 戴妫:陈女,卫庄公妾,卫桓公之母。据《左传》隐公四年载,戴妫生子名定,即桓公,庄姜把他当作自己的儿子养育。桓公即位之后不久,被州吁(卫庄公庶子)所杀,戴妫被迫归陈。庄姜不忍其离去,作《燕燕》诗送别。 淑惠:贤惠。 《国风》:《诗经》中的一部分,采集各地民间歌谣而成,共有十五国风,自《周南》至《豳风》共一百六十篇。《燕燕》诗为《诗经·邶风》中一首。古人认为此诗咏嫡妻庶妻之爱。

[14] "京陵"二句:京陵,指晋王浑妻钟琰,颍川(今约属河

南省)人。魏太傅钟繇曾孙。因其夫王浑袭父爵封京陵侯,故称。东海,指王浑弟王澄妻郝氏,钟琰虽出自贵门,一向与郝氏亲密。郝氏不因娘家地位低而对钟氏卑下,钟氏也不因地位尊贵而欺凌郝氏,二人和顺雍穆。时称钟夫人之礼,郝夫人之法,群臣百姓遵为法度。

[15] 秉:执持。懿:美德。

[16] 敦:使敦厚笃实。

[17] 萃:汇集。

[18] 德教:道德教化。

秉 礼 篇

德貌言工[1],妇之四行;礼义廉耻,国之四维[2]。"人而无礼,胡不遄死[3]?"言礼之不可失也。是故文伯之母,不逾门而见康子[4];齐华夫人,不易驷而从孝公[5]。孟子欲出妻,母责以非礼[6];申人欲娶妇,女耻其无仪[7]。顷公吊杞梁之妻,必造庐以成礼[8];漂女哀子胥之馁,宁投溪而灭踵[9]。羊子怀金,妻挐讥其不义[10];齐人乞墦,妾妇泣其无良[11]。宋伯姬保傅不具不下堂,宁焚烈焰[12];楚贞姜符节不来不应召,甘没狂澜[13]。是皆动必合义,居必中度[14],勉夫子以匡其失[15],守己身以善其道,秉礼而行,至死不变者,洵可法也[16]。

注释

[1] 德貌言工:即德、言、功、容。

[2] 维:纲纪。

[3] "人而"二句:语出《诗·鄘风·相鼠》。胡,为什么;遄

(chuán),疾速。这两句的大意是,人如果不知礼,为什么还不早死?

[4] "文伯"二句:文伯之母,指敬姜,康子的从祖叔母;康子,指季康子,即季孙肥。据《国语·鲁语下》载,康子去见敬姜,敬姜开着寝门与他说话,两个人都不越过门槛。

[5] "齐华夫人"二句:华夫人,指孟姬,华氏之长女,齐孝公夫人。据《列女传》载,孟姬从齐孝公游琅琊,马疾驰,车毁。孝公派立车(站立乘行的车)载孟姬归。按礼,后妃出行当乘安车(坐乘,四面有遮幕的车),故孟姬拒绝从命,欲自缢,幸得傅母及时解救末死。

[6] "孟子"二句:出妻,把妻子休回娘家,即遗弃。据《韩诗外传》载,孟子入室内,见妻子袒露身体,很不高兴,要求休妻。孟母问明原因,引《礼》中"将上堂,声必扬"、"将入户,视必下"诸语,责备孟子无礼。

[7] "申人"二句:据《列女传·召南申女》载,申人之女许嫁于酆,其夫家未备礼便欲迎娶。申女以夫家轻礼违制,不肯嫁。夫家告到官府,申女下狱。终因一物不具,一礼不备而守节执义,誓死不嫁。并作《行露》诗说:"虽速我狱,室家不足。"

[8] "项公"二句:项公,当作"庄公",即春秋齐庄公;造,到;庐,房屋。庄公四年,齐袭莒,杞梁战死,其妻迎丧于郊。庄公归来,遇杞梁妻,命使者在路上吊唁。杞梁妻认为郊吊不合乎礼。庄公不得不至其家中,行吊唁之礼,礼备而后离去。

[9] "漂女"二句:漂女,水边漂洗衣物的女子。子胥,指伍子胥(前?—前484年),名员,春秋楚人。其父伍奢、兄伍岗均为楚平王杀害。伍子胥奔吴,与孙武共佐吴

王阖闾伐楚,五战入楚国都城郢,掘楚平王墓,鞭尸三百。吴王夫差败越,越王请和,伍子胥劝谏不从。夫差信伯嚭谗言,逼子胥自杀。灭踵,消除足迹。这两句指伍子胥避楚追捕,逃往吴国途中,在濑水(今江苏省溧阳县)边向漂女乞食。漂女得知伍子胥身份,把所有食物送给他。又恐泄露伍子胥踪迹,投水而死,子胥救之不及。

[10] "羊子"二句:羊子,指乐羊子。据《后汉书·列女传》载,乐羊子在路上拾到一块饼状金,回家交给妻子。其妻说:"我听说志士不饮盗泉之水,廉者不受嗟来之食,何况拾别人遗失的东西归己,玷污自己的品行!"羊子非常惭愧,又把金子抛到野外,离家远行寻师求学。

[11] "齐人"二句:墦,坟墓。据《孟子·离娄下》载,齐国有个人,每次外出必定酒足饭饱而后归,妻子问与谁一起吃饭,都是富贵之人,但从未见有富贵之人到家中来。妻子心中生疑,一天便尾随丈夫出门,发现他竟是到城郊墓地,向扫墓人乞讨残菜剩饭,城中无一人与他说话。妻子回到家中,把这些告诉其妾,二人悲泣没嫁一个好丈夫。

[12] "宋伯"二句:据《列女传》载,宋恭公夫人伯姬寡居,夜里宫中失火,左右人请她出门避火,因保母(古代宫廷负责抚养子女的女妾)和傅母(古代宫廷负责辅导子女的老年妇人)都不在,伯姬拒绝出门。按礼的规定,夜里没有保母和傅母,夫人不能下堂。后保母到而傅母未到,她仍不出门,认为越义求生,不如守义而死,最后被烧死。

[13] "楚贞"二句:春秋时楚昭王出游,留贞姜于渐台,并约定:迎夫人以符节为信。江水暴涨,迎夫人的使者忘持

符节,贞姜坚决不与同行,被淹死。

[14]　中(zhòng)度:合乎法度。

[15]　匡:匡正。　失:过失。

[15]　洵:确实。

智 慧 篇

治安大道[1],固在丈夫;有智妇人,胜于男子。远大之谋,豫思而可料[2];仓卒之变[3],泛应而不穷[4]。求之闺阃之中,是亦笄帏之杰[5]。是故齐姜醉晋文而命驾,卒成霸业[6];有缗娠少康而出窦,遂致中兴[7]。颜女识圣人之后必显,喻父择婿而祷尼丘[8];陈母知先世之德甚微,令子因人以取侯爵[9]。剪发留宾,知吾儿之志大[10];隔屏窥客,识子友之不凡[11]。杨敞妻促夫出而定策,以立一代之君[12];周颉母因客至而当庖,能具百人之食[13]。晏御扬扬,妻耻之而令夫致贵[14];宁歌浩浩,姬识之而喻相尊贤[15]。徒读父书,知赵括之不可将[16];独闻妾怵,识文伯之不好贤[17]。樊女笑楚相之蔽贤,终举贤而安万乘[18];漂母哀王孙而进食,后封王以报千金[19]。乐羊子能听妻谏以成名[20];宁宸濠不用妇言而亡国[21]。陶答子妻,畏夫之富盛而避祸,乃保幼以养姑[22];周才美妇,惧翁之横肆而辞荣,独全身以免子[23]。漆室处女,不绩其麻而忧鲁国[24];巴家寡妇,能捐己产而保乡民[25]。凡此皆女子之嘉猷[26],妇人之明识[27],诚可谓知人免难[28],保家国而助夫子者欤!

注释

[1]　治安:治理百姓,使之安定。

[2]　豫思:事先思谋。

[3]　仓卒:非常事变。

[4] 泛应：多方应酬。

[5] 笄帨：指女子。

[6] "齐姜"二句：指齐姜用酒灌醉晋文公，命车载着他离开齐国，晋文公最终登上王位，成为春秋五霸之一的事。

[7] "有缗"二句：有缗(mín)，夏王相之妻；少康，姒姓，夏王相之子，禹七世孙；窦，地穴。据《史记·夏本纪》载，夏王相被寒浞杀，相妻缗正怀孕，从地穴逃出，归娘家有仍氏，生少康。少康长大后，为有仍氏牧正，又逃奔到有虞氏为庖正，有田一成（即方十里），有众一旅（即五百人）。后得同姓部落有鬲氏帮助，灭寒浞，恢复夏王朝，少康为夏王，史称"少康中兴"。

[8] "颜女"二句：颜女，即徵在（公元前550年前后在世），春秋时代思想家、教育家孔子之母，姓颜，鲁国人，大夫叔梁纥之妾。生孔子后三年，其夫去世，徵在含辛茹苦，教育孔子成人。据《孔子家语·本性解》载，叔梁纥有九女而无子。其妾生一子，名孟皮，字伯尼，有脚病，又向颜氏求婚。颜氏有三女，小女徵在认为孔氏是圣王后裔，其后必定昌盛，从父命，嫁给叔梁纥。叔梁纥年纪大，徵在恐无子，私下到尼丘山祈祷，生孔子。

[9] "陈母"二句：陈母，指西汉陈婴之母。陈婴（？—前184年），东阳（今安徽省天长西北）人。汉高祖功臣，堂邑侯。据《史记·项羽本纪》载，秦末陈婴为东阳县吏，为人谨慎守信，素称长者。秦二世元年（前209年），东阳百姓响应陈胜起义，杀县令，聚数千人，欲立陈婴为王。陈婴母对陈婴说："自从我做你家媳妇，从未听说你家先祖有显贵的。现在你突然得大名，不吉祥。不如有所依附，事成还能封侯，事败也不会为世人注目。"陈婴便依附于项氏，因项氏世代为将，在楚

有名。

[10] "剪发"二句:陶侃少有大志,交友均为一时豪杰。范逵过访其家,陶母剪发沽酒款待。

[11] "隔屏"二句:指房玄龄从王通学,诸同门皆一时之杰,其同门曾过访房家,房母自屏后看过说:皆卿相之器,吾儿有友如此,吾何患乎?后房与杜如晦等皆仕太宗,为卿相。

[12] "杨敞"二句:杨敞,华阴(今陕西省华阴县)人。官至御史大夫,丞相。杨敞妻(前83年前后),司马迁之女。据《汉书·杨敞传》载,杨敞为人谨慎,怕事。汉昭帝崩,昌邑王即位,淫乱。霍光欲废而另立。计谋已定,派大司农田延年告诉杨敞。杨敞惊惧不知所言,汗流浃背。田延年起身去更衣之处,杨敞妻立即从东厢出来,对杨敞说:"这是国家大事,大将军谋划已定,派九卿来告诉你,你不马上应允,与大将军同心,还犹豫不决,事先就杀了你。"于是杨敞与田延年共论立宣帝事。

[13] "周颛"二句:周颛,字伯仁,晋安成(今属江西省)人,官至尚书左仆射,为王敦所杀;周颛母,李氏,字络秀,汝南人,田家女。据《晋书·列女传》载,周颛之父周浚为安东将军时,出猎途中遇雨,到李家避雨。络秀父兄不在,她与一婢女在内院宰猪羊,准备百人所用肴馔。周浚求娶其为妾,李家父兄不允。络秀以与贵族联姻有益说服父兄。后生周颛兄弟三人。三子长大后,李氏道出实情,令三子与娘家亲近。李氏家族得跻身门第高雅之族。

[14] "晏御"二句:晏御,指齐相晏子的车夫。据《史记·管晏列传》载,晏子为相时坐车出门,车夫妻从门缝见丈夫为宰相驾车,意气扬扬。待车夫回家,其妻请求离

婚,车夫问其故,其妻说:晏子身高不过六尺,能任齐国宰相,名扬天下。出行时是一副深沉、自谦的样子。而你身高八尺,为人做役仆、车夫,还得意洋洋。从此车夫开始自我克制。晏子很奇怪,问明原因后,推荐他做了大夫。

[15] "宁歌"二句:宁,指宁戚,春秋卫国人,因家贫为人挽车,到齐国,被齐桓公召见,拜为上卿;姬,指管仲之妾婧。据《列女传》载,宁戚在齐都城东门外喂牛,桓公出,宁戚击牛角而歌,很悲伤。桓公觉得此人与众不同,便派管仲去迎接他。宁戚见到管仲说:"浩浩乎白水。"管仲不知其意,为此五天未上朝,面带忧色。妾问其故,管仲告以实情。婧告诉管仲,宁戚吟《白水》诗,是想出仕,为国效力。管仲上报桓公,桓公拜之为上卿,齐国大治。

[16] "徒读"二句:赵括(?—前260),战国时赵国将领,马服君赵奢之子,又叫马服子。据《列女传》载,赵孝成王六年(前260年),秦攻赵,赵中秦反间计,用赵括代廉颇为将。赵母上书赵武成王,言赵括徒读父书,不可为将。赵母请求,若赵括不胜任,自己可不连坐。赵王应允。赵括为将三十多天,果然大败,赵括被射死,赵军四十多万被坑杀。赵母因有言在先,未被杀。

[17] "独闻"二句:公父文伯死后,其妻妾皆痛哭失声。敬姜依床而不哭,她说,我的儿子为鲁相,死后朋友、诸大臣无哭者,而妻妾皆痛哭失声,一定是他平生做事疏薄于贤士大夫之礼。

[18] "樊女"二句:指楚庄王妃樊姬指责楚相虞丘子不推举贤人一事。

[19] "漂母"二句:漂母,漂洗纱絮的老妇;王孙,漂母对韩信

的尊称。据《史记·淮阴侯列传》载,韩信在淮阴城下钓鱼,有许多妇女在那里漂洗绵絮,一位妇女见韩信饥饿,每天给他饭吃,直至数十天后她们漂洗完。韩信很高兴,对漂母说:"以后我一定要厚厚地报答您。"漂母生气地说:"大丈夫不能自食,吾哀怜王孙而进食,难道希望回报吗?"后韩信封楚王,召漂母,赐千金。

[20] "乐羊"句:据《后汉书·列女传》载,羊子离家寻师求学,一年后因思念妻子而归。其妻以织布为喻,劝羊子:积累学问不能半途而废。羊子感其言,七年不归而学成。

[21] "宁宸濠"句:宁宸濠,指明代朱宸濠,朱权玄孙,弘治年间封宁王,勾结皇帝亲信,党羽甚众。后自南昌起兵造反,将占据南京时被王守仁击败生擒,在道州被杀。当初朱宸濠谋反,其妃娄氏曾劝谏,兵败后,他叹息商纣王因用妇人之言而亡,追悔自己因不听妇人之言而亡。

[22] "陶答子"三句:据《列女传》载,陶大夫答子治定陶三年,没有名声,家里却比以前富三倍。其妻多次劝说都不听。过了五年,答子带着上百辆车回家休息沐浴(即放例假),同宗族的人都击牛道贺。唯独其妻哭泣,认为答子无能无功,却官大贪富,是败亡之兆。婆母怒而逐之。一年后,答子家果然因盗藏罪遭诛杀,只有老母免死。其妻归,奉养婆母,终其天年。

[23] "周才美"三句:明代周才美为太守,其父横暴乡里,周妻劝公公,家中有周才美为官,不忧不富,如果聚敛不休,祸就不远了。周父醒悟,改行善。后周才美双目失明而免官,周父认为行善无报,复为恶。周才美双目复明后又做了郡守,举家赴任,其妻与幼子独不从。后全家淹死江中,她母子二人独存。

[24] "漆室"二句：漆室，春秋鲁国邑名。据《列女传》载，漆室有一处女，过时未嫁。时鲁穆公年老，太子年幼，她预见到鲁国会有祸患，倚柱悲歌。邻妇认为她因未嫁而悲，欲为之求偶。处女说出自己想法，邻妇认为她多虑。三年后，齐国和楚国不断进攻鲁国，国内大乱。男子参加作战，女子转运粮草，国人不得安宁。

[25] "巴家"二句：巴家寡妇，或当为"巴蜀寡妇"。据《史记·货殖列传》载，巴蜀（今四川省）有位寡妇，名清，她家先人得丹砂穴，数代人专有其利，家财无法计算。秦筑长城，巴蜀一郡当服役者万人。清出家财百余万，筑附近边城数百里，百姓可不离乡，又得工钱，争着去干，城很快修完。秦始皇筑怀清台，表彰其义举。

[26] 嘉猷：指治国的好规划。

[27] 明识：高明的见识。

[28] 知人：能鉴察人的品行、才能。　免难：帮人避开灾难。

勤俭篇

勤者，女之职；俭者，富之基。勤而不俭，枉劳其身；俭而不勤，甘受其苦。俭以益勤之有余[1]，勤以补俭之不足。若夫贵而能勤，则身劳而教以成；富而能俭，则守约而家日兴[2]。是以明德以太后之尊[3]，犹披大练；穆姜以上卿之母[4]，尚事纫麻[5]。《葛覃》《卷耳》[6]，咏后妃之贤劳；《采蘩》《采苹》[7]，述夫人之恭俭。《七月》之章[8]，半言女职；《五噫》之咏，实赖妻贤[9]。仲子辞三公之贵，已织屦而妻辟纑[10]；少君却万贯之妆，共挽车而自出汲[11]。是皆身执勤劳，躬行节俭，扬芳誉于诗书，播令名于史册者也旃。其勖诸！

注释

[1] 益:补助,补益。

[2] 守约:保持俭朴的品德。

[3] 明德:指汉明帝明德马皇后。

[4] 穆姜:即敬姜。因其为公父穆伯之妻,故称。 上卿:敬姜之子公父文伯为鲁大夫,故称。

[5] 尚:还。 事:做,从事。 纫:捻,搓,把两缕搓成单线。

[6] 《葛覃》:《诗经·周南》篇名。据王相注,此诗咏后妃采葛,亲自织成绪和绤做衣服。 《卷耳》:《诗经·周南》篇名,是一首贵族妇女思念远征丈夫的诗。据王相注,此诗咏后妃登山采卷耳,以供宗庙祭祀,而又思念君子。《葛覃》《卷耳》两首诗皆咏后妃之贤能勤劳,所以说是"咏后妃之贤劳"。

[7] 《采蘩》:《诗经·召南》篇名。写公侯夫人采蘩供祭祀之用,据王相注,此诗赞美夫人地位尊贵而勤劳。《采苹》:《诗经·召南》篇名。这是一首赞美贵族女子将出嫁,告祭祖庙的诗。苹,即浮萍,古代用于祭祀。据王相注,此诗赞美大夫之妻恭敬节俭,勤于宗庙祭祀之事。《采蘩》《采苹》这两首诗皆咏夫人亲自劳作供祭祀,所以说是述"夫人之恭俭"。

[8] 《七月》:《诗经·豳风》篇名。此诗叙述农民全年劳动,其中第一、二章专门写妇女蚕桑之事,其他章也涉及女功。

[9] "《五噫》"二句:东汉梁鸿作《五噫歌》。诗共五句,每句末皆有一噫字,故称。据《后汉书·逸民列传》载:梁鸿,字伯鸾,扶风平陵(今陕西省咸阳西北)人。家贫好

学,有节操。娶同县孟光为妻。孟光貌且力大,德行甚尚。与梁鸿共入霸陵山中隐居,以耕织为业,诵诗书、弹琴以自娱。梁鸿因事出关,过洛阳,见宫室侈丽,作《五噫歌》讽刺,为朝廷所忌,于是改变姓名,东逃齐鲁。

[10] "仲子"二句:仲子,即陈仲子,字子终,战国齐人;屦(jǔ),鞋;辟,绩麻;纑(lú),练麻。陈仲子之兄为齐国卿,食禄万钟,仲子认为是不义之禄,便逃到楚国,居於陵(今山东省邹平东南),号於陵仲子,以示清高。楚王欲任命陈仲子为相,他未就任,和妻子一起逃去,为人灌园,自己编草鞋,妻子绩麻练麻以为生计。

[11] "少君"二句:少君,指桓少君,东汉鲍宣之妻,姓桓,字少君;挽,拉;汲,取水。据《后汉书·列女传》载,鲍宣曾从少君之父学习,桓父以其清苦奇特,把女儿嫁给他。嫁妆甚多,鲍宣不悦。其妻便退回嫁妆,穿上短衣布裳,与鲍宣共拉鹿车归乡里。拜见公婆礼毕,就提着水罐出门打水,修行妇道,深受乡人称赞。

才 德 篇

男子有德便是才,斯言犹可;女子无才便是德,此语殊非。盖不知才德之经,与邪正之辨也。夫德以达才[1],才以成德。故女子之有德者固不必有才,而有才者必贵乎有德。德本而才末,固理之宜然,若夫为不善,非才之罪也。故经济之才[2],妇言犹可用;而邪僻之艺[3],男子亦非宜。

《礼》曰[4]:"奸声乱色,不留聪明;淫乐慝礼,不役心志[5]。"君子之教子也,独不可以训女乎?古者后妃夫人,以逮庶妾匹妇,莫不知诗,岂皆无德者欤?末世妒妇淫女,及乎悍妻泼媪[6],大悖于礼,岂尽有才者耶?曷观齐妃有《鸡鸣》之诗[7],郑女有雁弋之警[8]。缇萦上章以救父,肉刑用除[9];徐惠谏疏以匡君[10],穷兵遂止。宣文之授《周礼》,六官之钜典以明[11];大家之续《汉书》[12],一代之鸿章以备[13]。《孝经》著于陈妻[14],《论语》成于宋氏[15],《女诫》作于曹昭[16],《内训》出于仁孝[17]。敬姜纺绩而教子,言标左史之章[18];苏惠织字以致夫,诗制回文之锦[19]。柳下惠之妻,能谥其夫[20];汉伏氏之女,传经于帝[21]。信宫闱之懿范[22],诚女学之芳规也[23]。由是观之,则女子之知书识字,达理通经,名誉著乎当时,才美扬乎后世,亶其然哉[24]!若夫淫佚之书不入于门[25],邪僻之言不闻于耳,在父兄者,能思患而豫防之,则养正以毓其才[26],师古以成其德[27],始为尽善而兼美矣。

注释

[1] 达才:使通达、成才。

[2] 经济:经国济民。

[3] 艺:才能。

[4] 《礼》:指《礼记》。

[5] "奸声"四句:出自《礼记·乐记》。奸声,奸邪不正的乐音;乱色,妖媚的姿色;聪明,指耳目;慝礼,不正之礼;心志,内心。这四句大意是,奸邪的乐声、妖媚的姿色,不入于耳目;浮靡的音乐,不正之礼,不入于内心。

[6] 悍:蛮横。 媪(ǎo):妇女的通称。

[7] 曷:何不。《鸡鸣》:《诗经·齐风》篇名。此诗写天未明时,妻子一再催丈夫起床的对话。《诗序》认为,此诗为思贤妃之作。因齐哀公荒淫怠慢,故陈述贤妃贞女怎样昼夜警戒以成就之。

[8] "郑女"句:指《诗经·郑风·女曰鸡鸣》。此诗写一对夫妇相戒早起以及互相爱悦的情景。据《诗序》载,此

诗指责士大夫不喜欢有德君子而好色,陈古义以讽今。弋(yì),用生丝作绳,系于箭尾射鸟。

[9] 用:因。

[10] 徐惠(627—650):唐代文学家。湖州(今属浙江省)人。徐孝德之女,唐太宗妃。自幼聪敏异常,工于诗文。太宗闻其才,召进宫。唐太宗末年,欲再行征伐高丽,她上疏劝谏,不可穷兵伐远国,劳万乘而耗中国,乃止。太宗死后,徐惠缅怀知遇之恩成疾,且不医治,死时年仅二十二岁。

[11] "宣文"二句:宣文,指宣文君(283—?),前秦经学家。姓宋,名不详。前秦太常韦逞之母。据《晋书·列女传》载,宋氏世以儒学闻名,因无子,传《周礼音义》于女,以免绝世。时天下大乱,宋氏讽诵不辍,每晚教韦逞读书。后经博士卢壹推荐,苻坚命于宋氏家设讲堂,隔纱幔给一百二十生员授《周礼》之学,使此学又行于世,命宋氏号为宣文君。

[12] 大家(gū):即班昭。

[13] 鸿章:巨著。

[14] 《孝经》:指唐代侯莫陈邈妻所著《女孝经》。

[15] 《论语》:指唐代宋若莘所著《女论语》。

[16] 曹昭:即班昭,因其夫姓曹,故称。

[17] 仁孝:指明成祖仁孝文皇后徐氏。

[18] 左史:指《国语》,古代左史记言,右史记事,故称。

[19] 苏惠(350前后在世):前秦文学家。字若兰,武功(今属陕西省)人,苻坚时秦州刺史窦滔之妻。自幼聪颖过人,仪容秀丽,能诗善文。十六岁嫁与窦滔,颇受敬重。后窦滔又纳赵阳台为妾,夫妻反目。苏惠二十一岁,其夫官安南将军,镇守襄阳,请苏惠同赴任所,苏拒绝,便

带赵阳台同往。后苏惠悔恨自伤，便织锦作回文诗一首，赠予窦滔，诗极其悽惋。窦滔为其诗感动，便将苏惠接至襄阳，而送赵阳台回关中。从此夫妻和好如初，恩爱愈笃。其所作回文诗织锦为《璇玑图》，共八百四十字，正读、反读、横读、斜读、交互读、进一字读、退一字读，皆成诗句，可见苏惠才情令人惊叹。

[20] "柳下惠"二句：柳下惠，指春秋时鲁大夫展禽，又字季，食邑柳下。据《列女传》载，展禽死后，其门人将述其功德，并定谥号。其妻说，如果是述其德行，那么你们都不如我了解。于是亲自述其德行，并为其定谥号"惠"。

[21] "汉伏氏"二句：伏氏之女，指汉代伏生之女。伏生，名胜，济南人，本为秦博士，治《尚书》之学。汉孝文帝求能治《尚书》者，当时伏生年已九十有余，手不能写，言词难懂。有孙女年十三，能写，又懂祖父之语，文帝命伏生于前殿说《尚书》，女在旁记录，书成授文帝。

[22] 懿范：美好的道德风范。

[23] 女学：旧指以妇德、妇言、妇功、妇容教育女子。
芳规：前贤的遗规。

[24] 亶(dǎn)：确实。

[25] 淫佚：亦作"淫泆"。淫乱，淫荡。

[26] 养正：涵养正道。　毓：培养。

[27] 师古：效法古代。

女 范[1]

[明]胡 氏

《内则》曰[2]：妇事舅姑，如事父母，鸡初鸣，咸盥漱，栉縰笄总[3]，衣绅[4]，左右佩用[5]，衿缨綦屦[6]，以适父母舅姑之所[7]。及所，下气怡声[8]，问衣燠寒[9]，疾痛苛痒[10]，而敬抑搔之[11]。出入则或先或后，而敬扶持之[12]。进盥[13]，少者奉槃[14]，长者奉水，请沃盥[15]，盥卒[16]，授巾。问所欲而敬进之[17]，柔色以温之[18]。父母舅姑必尝之而后退[19]。男女未冠笄者[20]，鸡初鸣，咸盥漱，栉縰，拂髦[21]，总角[22]，衿缨，皆佩容臭[23]。昧爽而朝[24]，问何食饮矣。若已食则退，若未食，则佐长者视具[25]。凡内外[26]，鸡初鸣，咸盥漱，衣服[27]，敛枕簟[28]，洒扫室堂及庭[29]，布席[30]，各从其事。

父母舅姑将坐[31]，奉席请何乡[32]。将衽[33]，长者奉席请何趾[34]，少者执床与坐[35]，御者举几[36]，敛席与簟，县衾篋枕[37]，敛簟而襡之[38]。父母舅姑之衣、衾、簟、席、枕、几不传[39]，杖、屦祗敬之，勿敢近。敦、牟、卮、匜[40]，非馂莫敢用。与恒食饮[41]，非馂莫之敢饮食。

在父母舅姑之所，有命之[42]，应唯敬对[43]，进退周旋慎齐[44]，升降、出入、揖游不敢哕噫、嚏咳、欠伸、跛倚、睇视[45]，不敢唾洟[46]。寒不敢袭[47]，痒不敢搔。不有敬事，不敢袒裼[48]。不涉不撅[49]，亵衣衾不见里[50]。父母唾洟不见[51]。冠带垢[52]，和灰请漱[53]；衣裳垢，和灰请浣[54]；衣裳绽裂，纫针请补缀。少事长，贱事贵,共帅时^[55]。

子妇无私货,无私畜^[56],无私器^[57],不敢私假^[58],不敢私与^[59]。妇或赐之饮食、衣服、布帛、佩帨、茝兰^[60];则受而献诸舅姑^[61]。舅姑受之则喜,如新受赐^[62];若反赐之^[63],则辞^[64],不得命^[65],如更受赐^[66],藏以待乏^[67]。妇若有私亲兄弟^[68],将与之,则必复请其故,赐而后与之^[69]。

注释

[1] 《女范》:《女范》是节录《礼记·内则》《大戴礼记·本命篇》《袁氏世范》等著作中有关论女训的部分编辑而成的,分别论述女子应如何侍奉公婆,如何持家;男子不能娶什么样的妻子,什么样的妻子当休,什么样的不当休;公婆应如何持家,调教儿子和儿媳。读者从中既可获得诸多借鉴,又可窥见封建礼教对女子歧视压制之一斑。

[2] 内则:《礼记》篇名。杂记古代贵族妇女侍奉父母、公婆的礼节,兼及贵族家庭子弟侍奉长上的礼节。

[3] 栉(zhì):梳理头发。 縰(xǐ):古代束发之帛。这里是指用缯束发髻。 笄(jī)总:插笄束发。

[4] 衣绅:穿上衣服而后束上绅带。

[5] 左右佩用:指佩带上侍奉公婆需用的物品,如针线等。

[6] 衿:结住,带上。 缨:香囊。 綦屦(qī jù):綦,本指鞋带,这里指系鞋带。綦屦,系好鞋。

[7] 适:去。 所:住所。

[8] 下气怡声:怡(yí),和悦。下气怡声,和悦声气,态度恭顺。

[9] 燠(yù):暖。

[10] 疴痒:疴,通"疥",疥疮的一种,刺痒的皮肤病。疴痒,

患疥疮发痒。

[11] 抑搔(sāo):按摩抓痒。
[12] 扶持:搀扶。
[13] 进盥:洗漱。
[14] 少:年轻的。 奉:两手恭敬地捧着。 槃:木盘,古代盥洗用具。
[15] 沃盥:浇水洗手、洗脸。
[16] 卒:完毕。
[17] 所欲:想要吃的东西。
[18] 柔色:柔顺之色。 温(yùn):含蓄宽容。
[19] 尝:品尝,吃。即前文所指父母舅姑之"所欲"。
[20] 冠笄:古代男子二十岁行冠礼,女子十五岁许嫁行笄礼。后以"冠笄"指成年男女。
[21] 拂髦(máo):拂拭垂发。
[22] 总角:古时儿童束发为两结,向上分开,形状如角,故称"总角"。这里是说,聚拢头发,扎成角状。
[23] 容臭(xiù):香物。犹香囊。
[24] 昧爽:昧,暗;爽,明。昧爽,指天欲明未明时。即拂晓。 朝:古代凡见人皆称朝。这里指晚辈问候长辈。
[25] 佐:协助。
[26] 内外:指儿子、儿媳和仆隶。这里泛指家中尊卑长幼。
[27] 衣(yì)服:穿衣。
[28] 敛:收拾。 枕簟(diàn):枕席。泛指卧具。
[29] 室堂:居住的房舍。古时堂在前,室在后。 庭:堂前边的地。即院子。
[30] 布席:铺设坐席。
[31] 将坐:准备坐下。
[32] 奉席:捧上坐席并铺好。 何乡:即"何向"。指朝什么

方向坐。

[33] 将衽:衽,卧席。将衽,准备躺下。

[34] 何趾:即足向何方。

[35] 床:古代坐具,不是现在的床。

[36] 御者:侍从。 几(jī):古人坐时凭依或搁置物件的小桌。

[37] 县衾(xuán qīn):县同"悬",拴系,悬挂。县衾,把被褥束好悬挂起来。 箧(qiè)枕:箧,小箱子,藏物之具。箧枕,把枕具装在箱子里。

[38] 櫝(dú):收藏。

[39] 传:移动,转移。

[40] 敦(duì):古代用来盛黍、稷、稻、梁等物的食器。 牟(móu):通"堥",金属器皿。 卮(zhī)、匜(yí):古代盛酒的器具。

[41] 与:及。 恒食饮:指尊者常食饮之物。

[42] 命:指父母舅姑有所差遣。

[43] 应唯:古代仪礼。口应"唯"声,表示遵从。

[44] 慎齐(zhāi):恭敬庄重。

[45] 捋游:古代行礼时依礼仪进退俯仰称"捋游"。 哕噫(yuěài):打呃,打嗝儿。 嚏(tì)咳:打喷嚏,咳嗽。 欠伸:伸懒腰。 跛倚:站立歪邪不正,倚靠于物。指不端庄的样子。 睇:斜视。

[46] 唾洟(tì):洟,鼻涕。唾洟,吐唾沫、擦鼻涕。

[47] 袭:添加衣服。

[48] 袒裼(xī):脱去上衣左袖,露出内衣。袒和裼都是古礼之敬者,所以说"不有敬事,不敢袒裼"。

[49] 不涉不撅(guì):不趟水不能撩起衣裳。

[50] 亵(xiè)衣:内衣,贴身之衣。 不见(xiàn)里:见,显

露。不见里,不把里子露出来。

[51] 不见:意思是刷除掉,不使别人看见。

[52] 垢(gòu):污秽,肮脏。

[53] 灰:供洗涤用的灰汁。 漱:洗涤。

[54] 浣:洗涤。

[55] 共帅时:都遵循这种礼节。

[56] 畜:积蓄,积储。

[57] 器:指宝器。

[58] 私假:私自借用。

[59] 与:给予,给别人。

[60] 赐:赏赐。 帨(shuì):佩巾。古代女子出嫁时母亲所授。在家时挂在门右,外出时系在身左。 芷(zhǐ):香草名,即白芷。 兰:兰花。

[61] 受:接受。

[62] 如新受赐:就像刚从亲友处得到一样。

[63] 反:还归,回。

[64] 辞:推辞。

[65] 不得命:得不到允许。即推辞不掉。

[66] 更(gèng):再次,又。

[67] 藏:收藏。 乏:缺少,无。此指待尊者乏。

[68] 私亲:自己的亲属,与自己关系密切的人。

[69] 之:指代私亲兄弟。

　　孔子曰[1]:妇人,伏于人也[2]。是故无专制之义[3],有三从之道[4]。在家从父,适人从夫[5],夫死从子,无所敢自遂也[6]。教令不出闺门[7],事在馈食之间而已矣[8]。是故女日及乎闺门之内[9],不百里而奔丧[10]。事无擅为[11],行无独成[12],参知而后动[13],可验而后言[14]。昼不游庭[15],夜行以火[16],所以正妇德也[17]。

女有五不取[18]:逆家子不取[19],乱家子不取[20],世有刑人不取[21],世有恶疾不取[22],丧妇长子不取[23]。妇有七去[24]:不顺父母[25],去;无子,去;淫[26],去;妒,去;有恶疾,去;多言[27],去;窃盗,去。有三不去[28]:有所取无所归[29],不去;与更三年丧[30],不去;前贫贱后富贵,不去。凡此[31],圣人所以顺男女之际,重婚姻之始也。

注释

[1] 此段见于《大戴礼记·本命篇》及《孔子家语》。

[2] 伏:通"服"。服从。

[3] 专制:擅自决断。

[4] 三从:旧礼教奴役妇女的教条。早已为今日时代所否定。

[5] 适人:谓女子出嫁。

[6] 遂:专擅。

[7] 教令:教戒,命令。

[8] 馈(kuì)食:指饮食类的事。

[9] 日及乎闺门之内:大意是,女子每天所做的事都在闺门之内。

[10] 奔丧:从外地赶回料理长辈或亲属的丧事。

[11] 擅:擅自,随意。

[12] 行:做,从事某种活动。 独:独自。

[13] 参知:验证确知。

[14] 验:验证,证实。

[15] 游庭:即在庭前到处走。"不游庭"是旧礼教对妇女的一种束缚。

[16] 火:用火光照视。

[17] 妇德:谓妇女贞顺的德行。为妇女的四德之一。

[18] 五不取:封建礼教认为,五种家族的女子不能聘娶。

[19] 逆:悖逆,忤逆。

[20] 乱家:伦常败坏的家庭。

[21] 世:家世。刑人:受刑之人。指因罪受纹面、割鼻、宫刑、砍脚、剃发等五种酷刑的人。

[22] 恶疾:指难以医治的病。此处特指聋、哑、盲、秃、跛、伛等。

[23] 丧妇:指父丧其妇。长子:古代兼指年纪最大的儿子、女儿,此指女儿。丧妇长子,即没有母亲教养的长女。

[24] 七去:即"七出"。古代社会丈夫遗弃妻子的七项条款。

[25] 顺:孝顺。

[26] 淫:放荡淫乱。

[27] 多言:即多嘴多舌。

[28] 三不去:丈夫不能休弃妻子的三种情况。

[29] "有所取"句:即有娶处无归处。意思是其娘家已没有亲人,无家可归。

[30] 与:从,陪从。 更:经过,经历。

[31] 凡此:所有这些。

胡安定曰[1]:嫁女必须胜吾家者。胜吾家,则女之事人必钦必戒[2]。娶妇必须不若吾家者。不若吾家,则妇之事舅姑必执妇道[3]。

注释

[1] 此段见于宋代朱熹《小学·嘉言》。胡安定(993—1059):即胡瑗,字翼之,泰州海陵(今江苏省泰县)人。北宋学者、教育家。学者称其为"安定先生"。官至太常博士。当时有明令以其教授方法为太学法,著有《论

语说》《春秋口义》。

[2] 钦:尊敬,恭敬。 戒:谨慎,慎戒。

[3] 执:执守。 妇道:为妇之道。旧多指贞节、孝敬、卑顺、勤谨而言。

每岁畜蚕[1],主母分给蚕种与诸妇[2],使之在房畜饲。待成熟时,却就蚕屋上箔[3],须令子弟直宿[4],以防风烛[5]。所得之蚕茧,当聚一处抽缲[6],更预先抄写各房所蓄多寡之数,照什一之法赏之[7]。

诸妇每岁公堂于九月俵散木绵[8],使成布匹[9],限以次年八月交收,通买钱物[10],以给一岁衣资之用[11]。公堂不许浸使[12],或有故意制造不佳及不登数者[13],准给本房[14];甚者[15],住其衣资不给[16]。有能依期登数者,照什一之法赏之。其事并系羞服[17],长主之[18]。

诸妇亲姻颇多[19],除本房至亲与相见外[20],余并不许。可见者,亦须子弟引导[21],方入中门[22]。见灯不许入,违者会众罚其夫[23],主母不拘[24]。

妇人亲族有为僧道者,不许往来。

注释

[1] 以上三段见于元代郑太和《郑氏规范》,也称《郑氏家范》。 岁:年。 畜(xù):饲养。

[2] 主母:婢妾对女主人的称呼。 蚕种:做种用的蚕卵。

[3] 却:退。 就:到。 箔:养蚕用的竹筛子或竹席。

[4] 直宿:值夜。

[5] 风烛:风中之烛。因其易灭,用以比喻临近死亡的人或行将消灭的事物。此指成熟了的蚕死亡。

[6] 抽缲(sāo):抽茧取丝。

[7] 什一:十分取其一。 法:办法。

[8] 公堂:厅堂。 俵(biào)散:散发,分发。 木绵:即草棉。通称棉花。

[9] 成:即纺织成。

[10] 通买钱物:指用布匹交换成钱,买所需物品。

[11] 给:供应。

[12] 浸使:假使。此处应为弄虚作假之意。

[13] 登:完成。

[14] 本房:犹"本支",同一家族的嫡系和庶出子孙。

[15] 甚者:指情况比较严重的人。

[16] 住:停住。

[17] 系:关联,牵涉。 羞服:饮食和衣服。

[18] 长(zhǎng):长辈,辈分高的人。 主:主持,掌管。

[19] 亲姻:由婚姻关系结成的亲属。

[20] 至亲:最亲近的亲戚。

[21] 引导:带领,使跟随。

[22] 中门:内、外室之间的门。

[23] 会众:会合众人。

[24] 拘:制止,禁止。

袁采曰[1]:人家不和[2],多因妇女以言激怒其夫及同气[3]。盖妇女所见不广,不远,不公,不平[4]。又其所谓舅姑、伯叔、妯娌皆假合[5],强为之称呼[6],非自然天属[7],故轻于割恩[8],易于修怨[9]。非丈夫有远识,则为其役而不自觉[10],一家之中乖变生矣[11]。

妇女之易生言语者,又多出于婢妾之间斗[12]。婢妾愚贱[13],尤无见识[14],以言他人之短识为忠于主母[15]。若妇女有见识,能一切勿听,则虚伪之言不复敢进[16]。若听之信之,从而爱之,则必再言之,又言之,使主母与人遂成深仇[17],为卑妾者方洋洋得志[18]。

注释

[1] 袁采:字君载,南宋衢州信安(浙江省常山县)人。进士。曾任乐清(今浙江省乐清县)县令,监登闻鼓院。以廉明刚直著称。著有《袁氏世范》,后人推其为"《颜氏家训》之亚"。以上两段文字均选自《袁氏世范》。

[2] 人家:家庭。

[3] 同气:本指有血统关系的亲属,后多指同胞兄弟姐妹。

[4] "盖妇女"四句:即言妇女见识不广,偏袒、不公正。这是对妇女的偏见和贬低。

[5] 假合:凭其姻亲关系合在一起。

[6] 强:勉强。

[7] 天属:天性相连。指父子、兄弟、姐妹等有血缘关系的亲属为"天属"。

[8] 轻:轻率,不慎重。 割恩:弃绝私恩。

[9] 修:构成。

[10] 役:差遣,使被吸引而不由自主。 自觉:自己意识到或自己有认识而觉悟。

[11] 乖变:变故。

[12] 间(jiàn)斗:离间,挑斗。

[13] 愚贱:愚昧卑贱。

[14] 尤:尤其,格外。

[15] 短:缺点,过失。

[16] 虚:虚假,不真实。 佞(nìng):迷惑。

[17] 仇:仇恨,怨恨。

[18] 洋洋得志:形容神气十足,非常得意。

遗子弟书

[明]李际阳母

行后不见一信[1],某多疑人也,近悉我心甚挂牵,不比往时。昨闻人云:尔不好钱,只是以身借人[2],似乎不得时人欣羡[3],我心窃喜[4],但恐非尔所及也。

从古圣贤,那个不以身借人?尧舜以身借洪荒者也[5]。死呼"渡河"如宗泽[6],死守睢阳如巡、远[7],以身借宗社者也[8]。荆轲、聂政[9],以身借受恩者也。孔、孟[10],以身借万古长夜者也[11]。释迦[12],以身借万世作慈航者也[13]。从古圣贤,皆是以身借人。子果有是,更当勉力多为,前进无后退。只要认得理真,力所可为,虽天下非之而不顾[14],即害之所在,虽千万人避,吾往矣!切莫因人言而终止也。是嘱!是嘱!

大都世态炎凉[15],而宦途人多疑忌[16],议论间常要小心打点[17],未可如居乡间,率心与宦途人应对也[18]。莫视应对为末节[19],要知洒扫应对[20],便可精义入神[21]。试味足以兴,足以容,皆是小心中做出事业。从古圣贤,没一个不仔细小心。只有子路率尔而对,夫子哂之[22]。须慎哉!须慎哉!

注释

[1] 行后:指李际阳离家到外地做官之后。
[2] 以身借人:借,帮助,这里指奉献。以身借人,把自己的力量奉献给别人。

[3] 时人:指当时人。

[4] 窃喜:暗自高兴。

[5] 以身借洪荒:洪荒,指混沌、蒙昧的远古时代。以身借洪荒,把自己的全部力量献给开发洪荒世界。

[6] 宗泽(1061—1128):宋代名将。婺州义乌(今属浙江省)人,字汝霖,有文武才略。建炎初为东京留守,用岳飞为将,大破金兵。屡次上疏,力请宋高宗还都,恢复失地,均为投降派所阻,忧愤成疾,临终时连呼"渡河",至死未忘收复中原。

[7] 睢阳:地名,故地在今河南省商丘市南。 巡:指张巡(709—757),唐邓州南阳(今河南省邓县)人。为人刚正,不巴结杨国忠。"安史之乱"时,官真源令,与许远合兵守睢阳,拜御史中丞。坚守数月,因粮尽援绝,城陷被杀。 远:指许远(709—758),字令威,杭州盐官(今浙江省海宁西南)人。安禄山叛乱时,唐玄宗任命他为睢阳太守。

[8] 宗社:宗庙和社稷,古时用作国家的代称。

[9] 荆轲(?—前227):称荆卿,又名庆卿。战国时卫人。为燕太子丹客,受命至秦国诈献樊於期首级和燕国督亢地图,欲刺杀秦王。行刺不中,被杀。 聂政(?—前397):战国时轵(今河南省济源东南)人。刺客。当时严仲子与韩相侠累争权结怨,使聂政代为报仇。聂政杀死侠累后,毁形自杀。

[10] 孔、孟:指孔子和孟子。

[11] 万古长夜:南宋理学家朱熹语。朱熹曾说:"天不生仲尼,万古如长夜。"意思是,如果没有孔孟之道的指导,人们就如同生活在漫漫长夜中一样。

[12] 释迦:即释迦牟尼(约前563—前483),古代印度迦毗罗卫国净饭王太子,佛教创始人。本姓乔答摩,名悉达

多。相传其十九岁(一说二十九岁)时,痛感人世间各种苦恼,不满婆罗门神权统治及说教,入雪山苦行六年,出山后,在迦耶山菩提树下成道,得悟世间诸理,在鹿野苑开始传教。其后四十五年间在各地游行教化,弟子甚众。

[13] 慈航:佛教用语。指佛用慈悲之心度人,使脱离苦海,有如航船渡人。

[14] 非:诋毁,讥讽。

[15] 世态炎凉:世态,社会上人们的态度;炎凉,热和冷,喻亲热和冷淡。世态炎凉,指得势时人们巴结逢迎,失势时人们疏远冷淡。

[16] 宦途:官场。

[17] 打点:安排,料理。

[18] 率心:竭尽心意。 应对:对答。

[19] 末节:小节,小事。

[20] 洒扫应对:洒水扫地,酬答宾客。旧时儒家教育学习的基本内容之一,八岁入小学时开始学。由洒扫应对驯至精义入神。

[21] 精义入神:精研微妙的义理,进入神妙的境界。

[22] "子路"二句:子路(前542—480),仲由,字子路,一字季路,春秋卞人,孔子弟子,仕卫,为卫大夫孔悝邑宰,因不愿跟从孔悝迎立蒉聩为卫公,被杀;夫子,指孔子;哂(shěn),微笑。子路率尔而对,夫子哂之,据《论语·先进》载,一次子路等人陪孔子坐,孔子让他们谈各自的志向。子路不加思索地回答说:"一千辆兵车的国家,局促地处于几个大国的中间,外面有军队侵犯,国内又有灾荒。我去治理,有三年光景,可以使人人有勇气,而且懂得大道理。"孔子微微一笑。

母教叙录[1]

[明]袁衷等

予与二弟□□□侍吾母,□□□□予辈不自知其非己出也[2]。新衣初试,旋或污毁[3],吾母夜缝而密浣之,不使吾父知也。正食既饱[4],复索杂食,吾母量授而撙节之[5],不拂[6],亦不恣也[7]。坐立言笑,必教以正,吾辈幼而知礼。先母没,期年[8],吾父继娶吾母来时,先母灵座尚在[9]。吾母朝夕上膳[10],必亲必敬。当岁时佳节[11],父或他出,吾母即率吾二人躬行奠礼[12]。尝洒泪告曰:"汝母不幸蚤世[13],汝辈不及养[14],所可尽人子之心者,惟此祭耳。"为吾子孙者,幸勿忘此语[15]。

(以上男袁衷录)

比邻沈氏[16],世仇予家[17]。吾母初来,吾弟兄尚幼,吾家有桃一株,生出墙外,沈辄锯之,予兄弟见之,奔告吾母。母曰:"是宜然[18],吾家之桃,岂可僭彼家之地[19]?"沈亦有枣生过予墙,枣初生,母呼吾弟兄戒曰:"邻家之枣,慎勿扑取一枚[20]。"并诫诸仆为守护。及枣熟,请沈女使至家[21],面摘之,以盒送还。吾家有羊走入彼园,彼即扑死。明日,彼有羊窜过墙来,群仆大喜,亦欲扑之以偿昨憾[22]。母曰:"不可。"命送还之。沈某病,吾父往诊之,贻之药[23]。父出,母复遣人告群邻曰:"疾病相恤[24],邻里之义。沈负病,家贫,各出银五分以助之。"得银一两三钱五分,独助米一石。由是沈遂忘仇感义,至今两家姻戚往还[25]。古语云:"天下无不可化之人[26]。"谅哉[27]！

　　有富室娶亲,乘巨舫自南来[28],经吾门,风雨大作,舟触吾家船坊,倒焉。邻里共挥其舟人[29],欲偿所费。吾母闻之,问曰:"媳妇在舟否[30]?"曰:"在舟中。"因遣人谢诸邻,曰:"人家娶妇,期于吉庆[31],在路若赔钱,舅姑以为不吉矣。况吾坊年久,积朽将颓[32],彼舟大风急,非力所及,幸宽之。"众从命。

　　吾母爱吾兄弟,逾于己出[33],未寒思衣,未饥思食,亲友有馈果馔[34],必留以相饲[35]。既娶妇,依然呴育[36],无异齠龀也[37]。吾妇感其殷勤,泣语予曰:"即亲生之母,何以逾此！"妻家或有馈,虽甚微鲜[38],不敢私尝,必以奉母。一日偶得鳜[39],妇亲烹,命小僮胡松持奉。松私食之。少顷[40],妇见姑,问曰:"鳜堪食否[41]?"姑愕然良久[42],曰:"亦堪食。"妇疑,退而鞫松[43],则知其窃食状[44]。复走谒姑曰[45]:"鳜不送至,而曰堪食,何也?"吾母笑曰:"汝问鳜,则必献,吾不食,则松必窃;吾不欲以口腹之故[46],见人过也。"其厚德如此。

（以上男袁襄录）

注释

[1]　《母教叙录》:节选自《庭帏杂录》,是明代袁衷、袁襄、袁裳、袁表、袁袠兄弟五人记述其父袁参坡、母李氏平日训示之作。我们节选李氏的训示,拟题为《母教叙录》。李氏教子,侧重于待人、读书、持家。她教子待人要宽厚、忍让,无论是亲戚、邻里、下人,素不相识的人,甚至仇人,都不例外;读书要勤奋,不计较功名;持家要勤俭,以余财助人。李氏教子重身教,凡训示儿子的必先身体力行,以身立范。其教子的言论与方法至今仍有借鉴意义。诚然,其中也传播了一些宿命论的糟粕,应予否定。李氏:明袁参坡继室。袁氏五子中,袁衷、

袁襄为参坡前妻王氏所生。袁襄四岁时,王氏故去,李氏视二子如己出。其幼子袁裒十岁时,参坡又去世。李氏抚育五子成人,二十七年后故去。李氏女婿钱晓为订正此书,称李氏"贤淑有识,磊磊有丈夫气"。

[2] 非己出:即不是自己的亲生母亲。

[3] 旋:不久。

[4] 正食:即正餐。

[5] 撙(zǔn)节:约束。

[6] 拂:拂逆。

[7] 恣:放纵。

[8] 期(jī)年:一周年。

[9] 灵座:灵位。

[10] 上膳:供上饭食,表示对死者的尊敬。

[11] 岁:指年。 时:指一年中的春夏秋冬四季。

[12] 奠礼:祭奠的礼仪。

[13] 蚤世:蚤,通"早"。蚤世,早亡。

[14] 不及养:没赶上奉养。

[15] 幸:希望,期望。

[16] 比邻:近邻。

[17] 世仇予家:世代与我家为仇。

[18] 是宜然:事情应当如此。

[19] 僭(jiàn):超越本分。此指越过地界。

[20] 扑:击,打。

[21] 女使:女仆。

[22] 憾:仇恨,怨恨。

[23] 贻(yí):赠送。

[24] 疾病相恤:有了疾病互相救济。

[25] 姻戚往还:像有婚姻关系的亲戚一样来往。

[26] 化:感化。
[27] 谅哉:确实啊!
[28] 舫(fǎng):有仓室的船。
[29] 捽(zuó):揪。
[30] 媳妇:指富家船上的新娘子。
[31] 期:期望。
[32] 颓:崩塌。
[33] 己出:自己生的。
[34] 果馔(zhuàn):果品类食物。
[35] "必留"句:是说一定留着给我们吃。
[36] 呴(xǔ)育:关怀培养、使之成长。
[37] 无异龆龀(tiáo chèn):龆龀,童年。无异龆龀,指他们娶了妻子之后,对他们的关心仍与童年时一样。
[38] 微鲜(xiǎn):微少,极少。
[39] 鳜(guì):即鳜鱼,生活在淡水中,肉味鲜美。
[40] 少顷:片刻。
[41] 堪食否:意思是,好吃吗?
[42] 愕然:惊讶的样子。 良久:很久。
[43] 鞫(jū):查问。
[44] 窃食状:偷吃的情况。
[45] 复:又。 走:疾趋,跑。 谒:拜见。
[46] 口腹:吃的东西,饮食。

夏雨初霁[1],槐阴送凉[2],父命吾兄弟赋诗[3]。余诗先成,父击节称赏[4]。时有惠葛者[5],父命范裁缝制服赐余,而吾母不知也。及衣成,服以入谢[6],母询知其故,谓余曰:"二兄未服,汝何得先[7],且以语言文字而遽享上服[8],将置二兄于何地?"褫衣藏之[9],各制一衣赐二兄,然后服。

吾父不问家人生业[10],凡薪菜交易,皆吾母司之[11]。称银既平[12],必稍加毫厘。余问其故,母曰:"细人生理至微[13],不可亏之。每次多银一厘,一年不过分外多使银五六钱,吾旋节他费补之[14],内不损己,外不亏人。吾行此数十年矣,儿曹世守之[15],勿变也。

(以上男袁裳录)

父与予讲《太极图》[16],吾母从旁听之。父指图曰:"此一圈从伏羲一画圈将转来[17],以形容无极太极的道理[18]。"母笑曰:"这个道理亦圈不住,只此一圈亦是妄。"父告予曰:"《太极图》汝母已讲竟[19]。"遂掩卷而起[20]。

(以上男袁表录)

注释

[1] 霁(jì):雨停天晴。
[2] 槐阴:槐树下的树阴。
[3] 赋诗:吟诗,写诗。
[4] 击节:节,一种乐器。击节,即点拍。这里用来形容十分赞赏。 称赏:称赞欣赏。
[5] 惠:赠送。 葛:葛布,即夏布。
[6] 服:穿上衣服。
[7] 汝何得先:你怎能先穿上。
[8] 以:凭,靠。 遽:匆忙。 享:享用,受用。
[9] 褫(chǐ):夺去。
[10] 生业:产业。
[11] 司:掌管。
[12] 称银既平:指所称之物与所得之银两相等,即售物给平称。
[13] 细人:地位微贱贫穷之人。 生理:资财。

[14] 他费:别的费用。

[15] 儿曹:儿子们。

[16] 《太极图》:旧时用来说明宇宙现象之图。有两种:一种是以圆形图表示阴阳对立面的统一体,圆形外周附有八卦方位。另一种是宋周敦颐根据《易·系辞》:"易有太极,是生两仪。两仪生四象,四象生八卦。八卦定吉凶,吉凶生大业"等语,取道家象数之说画成,代表宋代理学对世界形成、万物终始的看法。此处所指似为周敦颐的《太极图》。

[17] 伏羲:传说中的三皇之一,即太昊,风姓,建都于陈,在位一百五十年。相传他仰观象于天,俯察法于地,画八卦以治天下。又造字,教百姓耕田渔猎,用牲畜来供庖厨,故又称庖羲。 一圈:指《太极图》圆形的圈。 一画:指伏羲八卦的爻,即—和– –。

[18] 无极:古代哲学认为形成宇宙万物的本原。因其无形无象,无声无色,无始无终,无可指名,故曰无极。

太极:古代哲学指最原始的混沌之气。认为太极运动而分化出阴阳,由阴阳而产生四时变化,继而有各种自然现象,是宇宙万物之源。无极太极的道理:即周敦颐所说:"无极而太极。太极动而生阳,动极而静,静而生阴……阴阳一而太极也,太极本无极也。"

[19] 竟:完结。

[20] 掩卷:合上书。

潘用商与吾父友善[1],其子恕无子[2],余幼鞠于其家[3],父没,母收回。告曰:"一家有一家气习,潘虽良善,其诗书礼义之习不若吾家多矣,吾蚤收汝随诸兄学习,或有可成。"

予随四兄夜诵[4],吾母必执女工相伴,或至夜分[5],吾二人寝乃寝。

吾父不刻吾祖文集,以吾祖所重不在文也。及书房雨漏,先集朽不可整[6],始悔之。吾父亡,吾母命诸兄先刻《一螺集》[7]。曰:"毋贻后悔[8]。"

遇四时佳节,吾母前数日造酒以祭,未祭,不敢私尝一滴也。临祭,一牲,一菜[9],皆洁诚专设[10]。既祭[11],然后分而享之[12]。尝语予曰:"汝父年七十,每祭未尝不哭,以不逮养也,汝幼而无父,欲养无由,可不尽诚于祀典哉[13]。"

每遇时物[14],虽微必献,未献,吾辈不敢先尝。

四兄善夜坐[15],尝至四鼓[16],余至更余辄睡[17],然善蚤起。四兄睡时母始睡,及吾起,母又起矣,终夜不得安枕。鞠育之苦[18],所不忍言。

二兄移居东墅[19],予与四兄从之学。家僮名阿多者,送吾二人至馆[20]。及归,见路旁蚕豆初熟,采之盈襟[21]。母见曰:"农家待此以食,汝何得私取之?"命付米一升偿其直[22]。四兄闻而问母曰:"娘虽付米,阿多必不偿人。"母曰:"必如此,然后吾心始安。"

四兄补邑弟子[23],母语余曰:"汝兄弟二人譬犹一体,兄读书有成而弟不逮[24],岂惟弟有愧色,即兄之心当亦歉然也[25]。愿汝常念此,努力进修[26],读书未熟,虽倦不敢息,作文未工,虽钝不敢限[27]。百倍加工,何远不到?"

乙卯[28],四兄进浙场[29],文极工,本房取首卷[30],偶以《中庸》义太凌驾[31],不得中式[32],后代巡行文给赏。母语余曰:"文可中而不中,是谓之命。倘文犹未工,虽命非命也,尔勉之。第勤修其在己者[33],得不得勿计也。"

三兄蚤世[34],吾母哭之哀。告余曰:"汝父原说其不寿[35],今果然。"因收七侄、八侄,教育之,如吾兄弟幼时。茹苦忍辛[36],盖无一日乐也。

余与二侄同入泮[37]。母曰:"今日服衣巾[38],便是孔门弟子,纤毫有玷[39]，便遗愧儒门[40]。"以是余兢兢自守[41]，不敢失坠[42]。

吾祖怡杏翁置房于亭桥西浒间，父遗命授余。母告曰："房之西，王鸾之屋也。当时鸾初造搂，而邑丞倪玑严行火巷之例[43]，法应毁[44]，汝父怜之，毁己之房以代彼，但就倪批一官帖[45]，以明疆界而已。汝体父此意，则一切邻居皆当爱恤，皆当屈己伸人。尝记汝父有言，君子当容人，毋为人所容。宁人负我[46]，毋我负人，倘万分一为人所容[47]，又万分一我或负人，岂惟有愧父兄，实亦惭负天地，不可为人矣。"

吾母暇则纺纱，日有常课。吾妻陆氏劝其少息，曰："古人有一日不作，一日不食之戒，我辈何人，可无事而食。"故行年八十[48]，而服业不休[49]。

远亲、旧戚每来相访，吾母必殷勤接纳，去则周之[50]。贫者，必程其所送之礼[51]，加数倍相酬；远者，给以舟行路费，委曲周济，惟恐不逮。有胡氏、徐氏二姑，乃陶庄远亲，外已无服[52]，其来尤数[53]，待之尤厚，久留不厌也。刘光浦先生尝语四兄及余曰："众人皆趋势，汝家独怜贫。吾与汝父相交四十余年，每遇佳节，则穷亲满座，此至美之风俗也。汝家后必有闻人，其在尔辈乎[54]？"

九月将寒，四嫂欲买绵，为纯帛之服以御寒[55]。母曰："不可，三斤绵用银一两五钱，莫若止以银五钱买绵一斤，汝夫及汝冬衣，皆以枲为骨[56]，以绵覆之，足以御冬[57]。余银一两，买旧碎之衣，浣濯补缀，便可给贫者数人之用。恤穷济众，是第一件好事，恨无力，不能广施，但随事节省，尽可行仁。"

四兄登科[58]，报至[59]，吾母了无喜色[60]，但语予曰："汝祖、汝父读尽天下书，汝兄今始成名，汝辈更须努力。"

（以上男袁衮录）

注释

[1]　友善：亲密友好。

[2] 恕:潘用商儿子之名。
[3] 鞠:抚育。
[4] 夜诵:夜晚读书。
[5] 夜分:夜半。
[6] 先集:先,称已死的人,多用于尊长。先集,指先人即其祖父的文集。
[7] 《一螺集》:袁参坡文集名。
[8] 贻:留下,遗留。
[9] 牲:祭祀用的牲畜。
[10] 洁诚:洁净诚敬。
[11] 既祭:祭祀之后。
[12] 享:享用,指吃祭祀用食物。
[13] 祀典:祭祀的礼仪。
[14] 时物:应时的美味食物。
[15] 夜坐:即今所谓熬夜。
[16] 四鼓:鼓,即更,古代夜间计时单位,一夜分五更,每更约两小时。四鼓,即四更,指凌晨一时至三时。
[17] 更余:指过了一更。
[18] 鞠育:抚养,养育。
[19] 墅:别馆。家宅之外另设游息之所。
[20] 馆:旧时私塾。
[21] 盈:充满。 襭(xié):把衣襟掖在腰带上用来盛物。
[22] 直:通"值"。价值。
[23] 邑弟子:即县学生员。
[24] 逮:达到。
[25] 歉然:抱恨不安的样子。
[26] 进修:即进德修业。增进道德,修习学业。
[27] 钝:鲁钝。 限:即自限。自以为到了极限,不再努力。

207

[28] 乙卯:即乙卯年,具体时间无考。

[29] 浙场:指在浙江设的科举考场。

[30] 本房:科举时代,乡试、会试考官分房批阅考卷,故称考官所在的那一房为本房。　首卷:即在考卷中为第一。

[31] 《中庸》:《礼记》中一篇。相传为孔子之孙子思所作。宋朱熹将《论语》《孟子》《中庸》《大学》合编为《四书》。

[32] 中(zhòng)式:科举考试被录取称中式。

[33] 在己者:指通过自己努力能达到的。

[34] 蚤世:早死。

[35] 不寿:不能长寿。

[36] 茹苦忍辛:亦称"含辛茹苦"。辛,辣味;茹,吃。形容饱受各种艰辛困苦。

[37] 入泮:科举时代,学童考进县学为生员,叫做入泮。因学宫前有泮水,故称。

[38] 衣:指读书人穿的衣服。　巾:指儒巾。明代称方巾,为生员服饰。

[39] 纤毫:极其细微。

[40] 儒门:指儒家。

[41] 余:我。　兢兢:谨慎小心。

[42] 失坠:出现差错或过失。

[43] 邑丞:即县丞,为县令佐官。　火巷:即房屋之间所留狭长形空地,用来防火。

[44] 法应毁:依法应当拆毁。

[45] 官帖:官府发给的凭证。

[46] 宁:宁愿。

[47] 万分一:万分之一。

[48] 行年:指经历过的年岁。

[49] 服业:指做纺织之事。
[50] 周:周济。
[51] 程:衡量。
[52] 无服:古代丧服制,五服之外不服丧,称无服。古丧服是以亲疏为差等的,有斩衰、齐衰、大功、小功、缌麻五种。
[53] 数:指次数多。
[54] "汝家"二句:这是封建宿命论的观点,应予批判。
[55] 纯帛:纯丝。
[56] 枲(xǐ):麻的总称。
[57] 御冬:抵御冬天的寒冷。
[58] 登科:科举考试得中称登科。
[59] 报:指报子。即给科举考试得中之家报喜信者。
[60] 了无喜色:完全没有喜悦的神色。

训子诗三十韵[1]

[明]黄　氏[2]

嫠生亦良苦[3],百事百不如[4]。
十九离自黄,执筐归于吴[5]。
抛心托藁砧[6],低眉奉公姑[7]。
未几家多难[8],言之重欷歔[9]。
终身仰望者[10],语合心事殊[11]。
捐家竭私财[12],负担走长途。
一去不复返,竟葬江之鱼。
风云陡地暗,闻讣双泪枯[13]。
事变奈若何,哭覆土一区[14]。
人皆侮新寡,我独奈孀居[15]。
劳碌如此始[16],官灾无岁无[17]。
产业虽仅存,家储悉空虚。
隐忍饥与寒[18],人或笑我迂[19]。
阅历艰与辛[20],众亦诮我愚[21]。
矢心岂异常[22],素志不负初[23]。
哀怨难具陈[24],事势罔尽敷[25]。
困我固有由[26],示汝信不诬[27]。
思之日继夜,从兹创规模[28]。
汝曹各勉旃[29],努力勤诗书。

诗书勤乃有,懒惰终疲弩[30]。
毋友莫己若[31],勿交非吾徒[32]。
动静守法度,视听著功夫。
涓流务深长[33],大才积锱铢[34]。
天付汝等闲[35],猛省休踟蹰[36]。
光阴竞分寸[37],宴安无须臾[38]。
古来贤达人,起身自勤劬[39]。
蛟龙大海物,宁自辱污渠[40]。
书中万事足,莫被外物拘。
磨穿寸铁心[41],成就千金躯[42]。
庶足厌听望[43],汝曹其勉诸。

注释

[1] 《训子诗三十韵》:明代节妇黄氏所作。诗中叙述了自己出嫁吴家,丈夫不幸早逝,顶住世俗的冷嘲热讽,苦心守节,备受辛苦的生活经历。教育儿子们珍惜时光,勤读诗书,遵守法度,谨慎交友。

[2] 黄氏:明代节妇,丈夫姓吴。

[3] 嫠(lí):寡妇。

[4] 不如:即不如意。

[5] "十九"二句:执筐,指做家务,意思是做妻子。这两句大意是,十九岁离开娘家,嫁到吴家。

[6] 藁(gǎo)砧:古代处死刑,罪人席藁伏于砧上,用铁斩之。"铁","夫"谐音,后因以"藁砧"为妇女称丈夫的隐语。

[7] 低眉:顺服的样子。　公姑:公婆。

[8] 未几:不久。

[9] 欷歔(xīxū):叹息声。

[10] "终身"句:指自己一生仰仗的丈夫。
[11] 殊:不一样。
[12] 捐家:舍弃家。 竭:用尽。
[13] 讣(fù):讣告,指报丧的通知。
[14] 土一区(ōu):区,古量名,一区为四豆,一豆为四升,这里是虚指其数量。土一区,即一区土。
[15] 孀居:守寡。
[16] "劳碌"句:大意是,为生活奔波劳碌从此开始了。
[17] "官灾"句:即官府苛捐杂税造成的灾难没有一年不发生。
[18] 隐忍:克制忍耐。
[19] 迂:迂腐。
[20] 阅历:经历。
[21] 诮:嘲笑,讥刺。
[22] 矢心:发誓,下定决心。
[23] 负:辜负。
[24] 陈:陈述,叙说。
[25] 罔(wǎng)尽敷:罔,没有;敷,铺叙。罔尽敷,没有办法全部铺叙陈述出来。
[26] "困我"句:使我遭受这样的困苦固然是有缘由的。
[27] 诬:欺骗人的谎言。
[28] 兹:此。
[29] 勉旃(zhān):努力啊。
[30] 疲驽(nú):本指疲劣的马,这里比喻愚钝无能。
[31] "毋友"句:不要和不如自己的人交朋友。
[32] 非吾徒:与自己不是一类的人。
[33] "涓流"句:大意是,涓涓细流致力于汇成又深又长的江河。

[34] "大才"句:大才是从锱铢那么少积累而成的。
[35] "天付"句:大意是,天付予你们寻常的才能。
[36] "猛省"句:踟蹰(chíchú),徘徊,犹豫。这句大意是,猛然醒悟,不要徘徊,犹豫。
[37] 竞:争竞。
[38] "宴安"句:宴安,安逸;须臾,片刻。这句大意是,不要有片刻的消闲。
[39] "起身"句:勤劬,勤劳。这句大意是,(贤达人)都是从勤劳开始的。
[40] "宁自"句:难道能自己在污水渠中受辱吗?
[41] "磨穿"句:大意是,有磨穿寸铁的恒心。
[42] 千金躯:极言身体宝贵。
[43] 厌:满足。

温氏母训[1]

[明]温 璜[2]

节孝曰[3]:男子作家[4],小事糊涂,大事不糊涂。妇人作家,大处不当算,小处要算。

有力田不偷懒之勤仆[5],无讨债不侵财之廉仆[6]。

穷秀才谴责下人,至鞭朴而极矣[7]。暂行知警[8]。常用则玩[9],教儿子亦然。

贫人不肯祭祀,不通庆吊[10],斯贫而不可返者矣[11]。祭祀绝,是与祖宗不相往来;庆吊绝,是与亲友不相往来,名曰"独夫"[12],天人不祐[13]。

凡人家遗失真容者[14],只宜就子侄相似者仿写,虽不甚肖[15],神有所凭,扶乩召魂[16],是儿戏事。

凡无子而寡者,断宜依向嫡侄为是[17]。老病终无他诿[18],祭祀近,有感通,爱女爱婿,决难到底同住,同住到底,免不得一番扰攘官司也[19]。

凡寡妇,虽亲子侄兄弟,只可公堂议事,不得孤召密嘱。有婢仆者,夜作明灯往来。少寡不必劝之守[20],不必强之改[21],自有直捷相法[22]。只看晏眠早起,恶逸好劳,忙忙地无一刻丢空者[23],此必守志人也[24]。身勤则念专[25],贫也不知愁,富也不知乐,便是铁石手段[26]。若有半晌偷闲,老守终无结果。吾有相法要诀,曰:寡妇勤,一字经[27]。

妇女只许粗识"柴、米、鱼、肉"数百字,多识字无益而有损也。[28]

注释

[1] 《温氏母训》:明代温璜记述其母陆氏对自己教诲之作。内容涉及治家、教子、妇道、交友、立志、为人处世诸方面,语言质朴,而切于事理。温璜三岁时,其父与祖父相继而亡。其母含辛茹苦,守节五十年,孝事婆母,教子读书成人,受到朝廷表彰。

[2] 温璜(1584—1645):本名以介,字于石,号石公。后改今名,字宝忠。乌程(今浙江省吴兴县)人。崇祯十六年(公元1643年)进士,官徽州府推官。顺治二年(公元1645年)起兵抗清。兵败后亲手杀了愿与他同赴国难的妻子女儿,又自刎而死。清王朝赐谥"忠烈"。

[3] 节孝:指温母陆氏。

[4] 作家:治家。

[5] 力田:努力耕田。亦泛指勤于农事。 勤仆:勤劳的仆人。

[6] 廉仆:廉洁不贪财的仆人。

[7] 鞭朴(pū):朴,通"扑",打。鞭朴,鞭打。

[8] 暂行:偶尔使用。

[9] 玩:轻慢,轻视。

[10] 不通庆吊:指亲戚朋友有了喜事不去庆贺,有了丧事不去吊唁。

[11] 斯:这。

[12] 独夫:众叛亲离的人。

[13] 祐:保祐。

[14] 真容:肖像。

[15] 肖(xiào):像。

[16] 扶乩(jī):一种迷信活动,在架子上吊一根棍当作笔,两个人扶着架子,以棍在沙盘上画出字句作为神的指示。

[17] 断:绝对。 嫡侄:血统近的侄子。

[18] 诿(wěi):推诿,推卸责任。

[19] 扰攘:纷乱。

[20] 少寡:妇女年轻守寡。 守:指守寡。

[21] 改:指改嫁。

[22] 相(xiàng)法:观察人的办法。

[23] 无一刻丢空:不留一刻空闲时间。

[24] 守志:指女子不改嫁。

[25] 念:念头,想法。

[26] 铁石手段:指寡妇坚定不移守节的办法。

[27] 一字经:以"勤"这个字作为观察寡妇能否守寡的标准。

[28] "妇女只许"一段:明显表现出轻视妇女的倾向,今日实不可取。

贫人弗说大话[1],妇人弗说汉话[2],愚人弗说乖话[3],薄福人弗说满话[4],职业人弗说闲话[5]。

凡人同堂同室同窗同旅多年者,情谊深长,其中不无败类之人。是非自有公论在,我当存厚道。

世人眼赤赤只见黄铜白铁[6],受了斗米串钱,便声声叫大恩德。至如一乡一族有大宰官当风抵浪的[7],有博学雄才开人胆智的[8],有年高先辈道貌诚心[9],后生小子步其孝弟长厚[10],终身受用不穷的。这等大济益处[11],人却埋没不提,才是阴德[12]。

但愿亲戚人人丰足,宁我只贫自守[13],若使一人富厚,九族饥寒,便是极缺陷处,非大忍辱人[14],不能周旋其间。

周旋亲友,只看自家力量,随缘答应[15],穷亲穷眷,放他便宜一两处,才得消谗免谤。

凡人说他儿子不肖[16],还要照管伊父体面[17],说他婆子不好,还要照管伊夫体面。

有一等人,撺贩风闻,拔舌地狱[18];有一等人,认定风闻,指为左券[19],布传远近,拔舌地狱;有一等人,直肠直口,自谓不欺,每为造言捏谤者诱作先锋[20],为害更甚,拔舌地狱。

贪家无门禁[21],然童女倚帘窥幕[22],邻儿穿房入闼[23],各以幼小不禁,此家教不可为训处。

注释

[1] 弗:不。
[2] 汉话:即男子说的话。
[3] 乖话:看似乖巧的话。
[4] 满话:不留余地,过于的绝对的话。
[5] 职业人:指有官职以及士农工商等从事一定工作的人。闲话:指与其职业无关的话。
[6] 黄铜白铁:指钱。
[7] 至如:至于。 宰官:指官吏。 当风抵浪:抵挡着风浪。
[8] 胆智:勇气才智。
[9] 高年:年纪大。 道貌诚心:有学道者的容貌,心地忠诚。
[10] 后生小子:指年幼的一辈。 步:追随。 孝弟:即"孝悌"。 长(zhǎng)厚:恭谨忠厚。
[11] 济益:指对人有帮助,有益。
[12] 阴(yìn)德:阴,通"荫",掩盖,埋没。阴德,埋没别人的恩德。
[13] 宁:宁愿。 只贫:一个人贫穷。

[14] 大忍辱人:非常能忍受屈辱的人。

[15] 随缘:随机缘而不勉强。

[16] 不肖:不成才。

[17] 伊:他。 体面:面子。

[18] 拔舌地狱:佛教认为,人生前毁谤佛法,死后将进入受拔舌刑的地狱。这里指那类搬弄是非,死后当进受拔舌刑惩罚地狱的人。

[19] 左券:古代契约分左右两片。左片称左券,由债权人持有,作为凭据。这里指把传闻当作有凭据的事。

[20] 为(wéi):被。 造言诽谤者:捏造谣言诽谤别人的人。

[21] 门禁:守卫,警备。

[22] 倚帘窥幕:倚着帘子偷看帐幕内。

[23] 闼(tà):位于寝室左右的小屋。

节孝谓介曰[1]:中年丧偶,一不幸也。丧偶事小,正为续弦费处[2]。前边儿女,先将古来许多晚娘恶件填在胸坎[3],这边新妇父母、保婢[4],唆教自立马头出来。两边闲杂人,占风望气[5],弄去搬来;外边无干人[6],听得一句两句,只肯信歹,不肯信好。真是清官判断不开,活佛调停不到,不幸之苦,全在于此。然则如之何[7]?只要做家主的[8],一者用心周到,二者立身端正。

人生只消受得一个"巴"字[9],日巴晚,月巴圆,农夫巴一年,科举巴三年[10],官长巴六年、九年,父巴子,子巴孙,巴得歇得便是好汉子[11]。

凡父子,姑媳积成嫌隙[12],毕竟上人要认一半罪过[13],其胸中横竖道:卑幼奈我不得[14]。

富家兄弟各门别户,最易生嫌,勤邀杯酒,时常见面,此亦远逸间之法[15]。

贫人未能发迹,先求自立。只看几人在坐,偶失物件,必指贫者为盗薮[16];几人在坐,群然作弄[17],必持贫者为话柄。人若不能自立,这须光景,受也要你受,不受也要你受。

寡妇弗轻受人惠。儿子愚,我欲报而报不成;儿子贤,人望报而报不足[18]。

节孝谓介曰:我生平不受人惠,两手拮据[19],柴米不缺,其余有也挨过,无也挨过。

我生平不借债结会[20],此念一起,早夜见人不是。

作家的,将祖宗紧要做不到事,补一两件;做官的,将地方紧要做不到事,干一两件,才算是男子结果。高爵多金[21],还不算是结果。

节孝曰:人言日月相望[22],所以为望,还是月亮望日,所以圆满不久也。你只看此上,有贫人仰望富人的,有小人仰望贵人的,只好暂时照顾,如十五、六夜月耳,安得时时偿你缺陷?待到月亮尽情乌有[23],那时日影再来光顾些须[24]。此天上榜样也。贫贱求人,时时满望[25],势所必无,可不三思?

儿子是天生的,不是打成的。古云:"棒头出肖子。"不知是铜打就铜器,是铁打就铁器。若把驴头打作马面,有是理否?

远邪佞是富家教子第一义[26],远耻辱是贫家教子第一义。至于科第文章,总是儿郎自家本事。

注释

[1] 介:温璜自称,初名以介。
[2] 续弦:男人丧妻以后再娶。 费处:难于处理好关系。
[3] 晚娘:继母。 恶件:指继母虐待前房子女的事。
[4] 保婢:家里请来照管儿童或从事家务劳动的妇女。
马头:即码头。这里指形成小集团。
[5] 占凤望气:本指测候风向、云气以测吉凶,这里指单凭

察颜观色,捕风捉影地拨弄是非。

[6] 无干人:没关系的人。

[7] 然则如之何:如此,那么怎么办呢?

[8] 家主:当家人,这里指丈夫。

[9] 消受:忍受。 巴:盼望,指望。

[10] 三年:古代科举考试每三年举行一次。

[11] 巴得歇得:指能盼望美好未来,又能超脱。

[12] 嫌隙:因彼此不满或猜疑而发生的恶感。

[13] 上人:指长辈。

[14] 奈我不得:不能对我怎样。

[15] 谗间(jiàn):谗言离间。

[16] 盗薮:盗贼聚集的地方。

[17] 群然作弄:一哄而起作弄人。

[18] "儿子"四句:报,即回报。这四句是说,儿子愚笨,我想回报而回报不成;儿子贤能,别人希望回报,可回报又不能令人满足。

[19] 拮据:缺少钱。

[20] 结会:指民间为解决金钱短缺问题而自愿结合的互助组织。

[21] 高爵多金:指有了高的官爵钱多。

[22] 望:农历每月十五日(有时是十六日或十七日),这天太阳从西方落下去的时候,月亮正好从东方升上来,人们看到的是满月,这种月相叫望。

[23] 乌有:没有。

[24] 些须:即些许。一点儿。

[25] 满望:充满希望。

[26] 邪佞:指奸邪不正,花言巧语谄媚的人。

贵客下交寒素[1],何必谢绝?蔬水往还[2],大是美事。只贵人减驺从[3],便是相谅[4];贫士少干谒[5],便是可久之道也。

朋友通财是常事,只恐无器量的承受不起,所以在彼名为恩,在我当知感。古来鲍子容得管子[6],却是管子容得鲍子。譬如千寻松树[7],任他雨露繁滋,挺挺承当得起富贵之交。意气骤浓者,当防其骤夺[8]。凡骤者不恒[9],只平平自好。

世间轻财好施之子,每到骨肉,反多啬吝[10]。其说有二:他人蒙惠,一丝一粒,连声叫感,至亲视为固然之事,一不堪也[11];他人至再至三,便难启口,至亲引为久常之例,二不堪也。但到此处,正如哑子黄连,说苦不得。或兄弟而父母在堂,或叔侄而翁姑尚在[12],一团情分,砺斧难断[13]。稍有念头,防其干涉[14],杜其借贷,将必牢栓门户,狠作声气,把天生一副恻怛心肠[15],盖藏殆尽[16],方可坐视不救。如此,便比路人仇敌更进一层。岂可如此?汝深记我言。

凡富家子弟交杂者[17],虽在师位不可急离[18],急离之,则怨谤顿生;不可显斥其交[19],显斥之,益固其合[20],但当正以自持,相机而导[21]。

介告母曰:古人治生为急[22],一读书,生事啬矣[23]。母曰:士、农、工、商各执一业,各人各治所生,读书便是生活。

节孝曰:侃母高在何处[24]?介曰:翦发饷人[25],人所难到。母曰:非也。吾观陶侃运甓习劳[26],乃知其母平日教有本也。

节孝曰:吾族多贫,何也?介曰:比自葵轩公生四子[27],分田一千六百亩,今子孙六传,产废丁繁[28],安得不贫?母曰:岂有子孙专靠祖宗过活?天生一人,自料一人衣禄,若肯高低各职一业,大小自成结果。今见各房子弟长袖大衫,酒食安饱,父母爱之不敢言劳,虽使先人贻百万赀[29],坐困必矣。

谓介曰:世人多被"心肠好"三字坏了。假如你念头要做好儿子,须外面实有一般孝顺行径;你念头要做好秀才,须外面实有一般勤苦行径。心肠是无形无影的,有何凭据?凡说心肠好者,都是规避样子[30]。

中等之人心肠定是无他,只为气质粗慢,语言鄙悖[31],外人不肯容恕。当尔时,岂得自恃无他,将心唐突[32]?

注释

[1] 寒素:旧指家境穷苦的人。

[2] 蔬水往还:指粗茶淡饭的交往。

[3] 驺从:古代贵族的骑马侍从。

[4] 相谅:指体谅对方。

[5] 干谒:有所企图或要求而求见(显达的人)。

[6] 鲍子:即鲍叔牙,春秋时齐国大夫,以知人著称。管仲,又名管敬仲。名夷吾,字仲,颍上人。春秋初期政治家。少与鲍叔牙友善,一起做买卖,管仲穷困,分财时常自己多取,鲍叔牙知道他贫困,不认为他贪。后因齐乱,鲍叔牙随公子小白出奔莒,管仲随公子纠出奔鲁。襄公被杀,纠和小白争夺君位,小白得胜即位,即齐桓公。桓公任命鲍叔牙为宰相,他辞谢了,保举管仲。管仲辅佐齐桓公,使齐国日渐富强。管仲曾慨叹:"生我者父母,知我者鲍叔也。"

[7] 千寻:寻,古代长度单位,八尺为一寻。千寻,形容树很高。

[8] 骤夺:迅速改变。

[9] 恒:长久。

[10] 恚(huì)詈:怨恨咒骂。

[11] 堪:忍受。

[12] 翁姑:公婆。

[13] 砺斧难断:把斧子磨锋利也难砍断。

[14] 干涉:牵连。

[15] 恻怛(dá):同情。

[16] 盖藏殆尽:全部收藏,几乎不剩一点儿。

[17] 交杂:交游混杂。

[18] 急离:意思是急于使他们分离。

[19] 显斥其交:斥,申斥,斥责。显斥其交,明显地斥责他们的交游。

[20] 益固其合:使他们的结合更加牢固。

[21] 相机而导:察看机会加以引导。

[22] 治生:经营家业,谋生计。

[23] 啬:贫乏。

[24] 侃母:指陶侃的母亲。

[25] 翦发馈人:指陶母剪发沽酒款待范逵之事。

翦:同"剪"。

[26] 运甓习劳:语出《晋书·陶侃传》:"侃在州无事,辄朝运百甓于斋外,暮运于斋内。人问其故,答曰:'吾方致力中原,过尔优逸,恐不堪事。'其励志勤力,皆此类也。"甓,砖瓦。运甓习劳,搬运砖瓦以自励。

[27] 葵轩公:温璜家先祖。

[28] 产废丁繁:产业没有增加,而人口增加了很多。

[29] 贻:遗留。赀(zī):通"资"。财货。

[30] 规避:设法躲避。

[31] 鄙悖:粗俗、悖谬。

[32] 将心唐突:指把自己的心肠都亵渎了。

人有父母妻子,如身有耳目口鼻,都是生而具的。何可不一经理[1]?只为俗物,将精神意趣,全副交与家缘[2],这便唤作家人,不唤读书人。

读书到二三十岁,定要见些气象[3]。便是著衣吃饭,也算人生一件事,每见汝吃饭忙忙碌碌,若无一丝空地,及至饭毕,却又闲荡,可是有意思人?

世多误认"直"字,如汝读书只晓读书,一路到底,这便是直人。汝自家著实读书,方说他人不肯读书,这便是直言。今人谓"直",却是方底骂圆盖耳,毒口快肠,出尔反尔[4],岂得直哉!

节孝谓介曰:治生是要紧事。汝与常儿不同[5],吾辛苦到此,幸汝成立[6],万一饥寒切身[7],外间论汝是何等人!

贫富何常?只要自身上通达得去[8]。是故贫当思通,不在守分;富当思通,不在知足。不缺祭享[9],不失庆吊,不断书香[10],此贫则思通之法也。仗义周急[11],尊师礼贤[12],富则思通之法也。

谓介曰:劳如我,不成怯,证世无病怯者[13];若如我,不成郁,证世无病郁者[14]。

事有可做不可讲者,如饥寒谋生,受辱吃讼[15],不得已而应之,一出口便龌龊矣[16]。事亦有可谈不可做者,如辟谷烧丹[17],剑仙侠客是也。

做人家切弗贪富,只如俗言'从容'二字甚好。富无穷极[18],且如千万人家,浪费浪用,尽有窘迫时节[19]。假若八口之家,能勤能俭,得十口赀粮[20];六口之家,能勤能俭,得八口赀粮,便有二分余剩,何等宽舒!何等康泰!

节孝曰:前人办得阴基、阳基两事[21],可当子孙家产一半。

儿时尝与同学拆字曰:"心"上加"刃"有忍害义,以此名忍可矣,以为忍耐者何居[22]?母应声曰:含忍在心,锋未及物,非耐而何?介顿首曰:圣人不能教人尽去心中之刃,但存制刃之心,其阴消蜂虿于几微者多矣[23]!如此妙解,吾母真圣人也。

过失与习气相别,偶一差错,只算过误,至再至三,便成习套[24],此处极要点察[25]。

凡亲有急难,切不可闭门坐视,然亦不可执性莽做,世间事不是件件干得才唤干人[26]。

读书要学古人,须看自家才具相仿的[27],羊质虎皮[28],妄自期许[29],识者所耻[30]。

注释

[1] 经理:料理,意即侍候。

[2] 家缘:犹家计。

[3] 气象:情景,情况。

[4] 出尔反尔:前后矛盾,不一致。

[5] 常儿:一般的儿子。

[6] 幸:希望。 成立:指有所成就。

[7] 切身:迫身。

[8] "贫富"二句:大意是,贫富哪里会长久不变?只要自己有办法能够通达得过去。

[9] 祭享:供献祭品,祭祀神灵祖先。

[10] 书香:古人用芸草放在书中防蛀虫,故称"书香"。此处指读书家风。

[11] 周急:周济急难。

[12] 礼贤:礼遇贤能的人。

[13] 病怯:怯,害怕。病怯,患害怕的病。

[14] 病郁:郁,忧郁。病郁,患忧郁的病。

[15] 吃讼:即吃官司。

[16] 龌龊:不干净。

[17] 辟谷:指练气功,不吃五谷以求长生之术。 烧丹:即炼丹,指道教徒用朱砂炼药。

[18] 穷极:穷尽极限。

[19] 窘迫:非常穷困。

[20] 赀粮:泛指钱财粮食。

[21] 阴基、阳基:指坟基地、宅基地。

[22] "以为"句:意思是,用"忍"字表示忍耐的意思,是为什么?

[23] "其阴消"句:阴消,暗暗地消除;蜂蜇(shì),蜂用毒刺刺人,这里指蜂蜇的痛痒;几微,细微的现象。这句意思是,这种办法暗暗地把蜂毒刺入的毒害消除于细微迹象中的情况很多。

[24] 习套:旧套,老套。这里是习惯的意思。

[25] 点察:检点,检察。

[26] 干人:有能力的人。

[27] 才具:才能。

[28] 羊质虎皮:语出扬雄《法言·吾子》:"羊质而虎皮,见草而说(悦),见豺而战,忘其皮之虎矣。"比喻外强内弱,虚有其表。

[29] 期许:期望。

[30] 识者:有见识的人。

汝与朋友相与[1],只取其长,弗取其短。如遇刚鲠人[2],须耐他戾气[3];遇骏逸人[4],须耐他罔气[5];遇朴厚人,须耐他滞气[6];遇佻达人[7],须耐他浮气。不徒取益无量[8],亦是全交之法[9]。

节孝曰:闭门课子[10],非独前程远大,不见匪人[11],是最得力。

堂上有白头[12],子孙之福。故旧联络,一也;乡党信服[13],二也;子孙禀令[14],童仆遗规[15],三也;谈说祖宗故事与郡邑先辈典刑[16],四也;解和少年暴急,五也;照料琐细,六也。

父子主仆最忌小处烦碎,烦碎相对[17],则面目可憎。

节孝曰:懒记帐籍,亦是一病,奴仆因缘为奸[18],子孙猜疑成隙[19],皆由于此。

家庭礼数贵简而安,不欲烦而勉。富贵一层,繁琐一层;繁琐一分,疏阔一分[20]。

人家子弟作揖,高叫深恭,绝好家法,凡蒙师教初学,须从此起。

凡子弟每事一禀命于所尊,便是孝悌。

吾闻沈侍郎家法,有客至,呼子弟坐侍[21],不设杯箸[22]。俟酒毕[23],另与子弟常疏同饭,此训蒙恭俭之方[24]。

买田讨租是儒家捷径良方,不废清修[25],不染市道[26]。

尝闻长老言治家之法:计田百亩,当得羡银二三百两[27],生息帮帖,才好过活[28],此亦金粟相生法也[29]。

贫儒置田弗蹈失著[30]。欲松买价,先宽赎窦[31],不可也;不对圩册[32],不推过户,佃主仍是卖主,不可也;嵌窝户[33],不可也;豪奴私产[34],不可也;乘危贬价,不可也;有约缓交,不可也;居间无酬[35],不可也。

偶有郭外田数亩[36],减价变卖,介意稍有不堪[37],节孝笑而言曰:"我一样造两只斗,这斗米兑与那斗米,定不能如数,世间物理如此[38]。"

节孝谓介曰:曾祖母告诫汝祖汝父云:"人虽穷饿,切不可轻弃祖基[39],祖基一失,便是落叶不得归根之苦。"吾宁日日减餐一顿,以守此尺寸之土也。出厨尝以手扪锅盖,不使儿女辈灭灶更然[40]。今各房基地皆有变卖转移,独吾家无恙[41],岂容易得到今日,念之!念之!

注释

[1] 相与:互相交往。

[2] 刚鲠:刚正耿直。

[3] 戾气:刚劲暴烈之气。

[4] 骏逸:才智出众,不同凡俗。

[5] 罔气:指凭其才智欺罔人之气。

[6] 滞气:指迟钝气。

[7] 佻(tiāo)达:轻薄放荡,轻浮。

[8] "不徒"句:不仅仅取他们对自己的补益无法计算。

[9] 全交:保持友谊。

[10] 闭门课子:关起门来督教儿子读书。

[11] 匪人:行为不端正的人。

[12] 白头:指白发长辈。

[13] 乡党:乡里。

[14] 禀令:禀受命令。

[15] 童仆遗规:给家童和仆人留下规矩。

[16] 郡邑:郡,古代行政区划名称,相当于州府;邑,县的别称。 典刑:即典范。

[17] 烦碎:繁杂琐碎。

[18] 因缘为奸:因此而投机取巧。

[19] 隙:怨恨纷争。

[20] 疏阔:疏远。

[21] 坐侍:作陪。

[22] 箸(zhù):筷子。

[23] 俟(sì):等待。

[24] 训蒙恭俭:教训儿童恭敬俭朴。

[25] 清修:清心钻研学问。

[26] 不染市道:不沾染市侩恶习。

[27] 羡银:盈余的钱。

[28] 生息帮帖:出借钱收取利息来帮贴生活。

[29] 金粟相生:钱与粮互相生发。

[30] 失著:即失策,谋划不周。

[31] "欲松"二句:赎,购买。这两句大意是,想放宽买价,先放宽购买的渠道。

[32] 圩(wéi)册:圩,圩田,四周筑堤防外水流入的低洼地。圩册,登记圩田的册子。

[33] 嵌官户:夹在官吏家土地当中的地段。

[34] 豪奴:有权势家的奴才。

[35] 居间无酬:居间,中间人。居间无酬,中间人没有酬金。

[36] 郭外:城外。

[37] 稍有不堪:有点儿不忍心。

[38] 物理:事物的道理。

[39] 祖基:祖传下来的房基。

[40] 更然:再次点燃。

[41] 无恙:没有发生意外。

节孝谓介曰:汝大父赤贫[1],曾借朱姓者三十金,买米以糊口。逾年[2],朱姓者病且笃[3],朱为两槐公纲纪[4],不敢以私债使闻主人[5],旁人私幸以为可负也[6]。时大父正客姑熟[7],偶得朱信,星夜趱回[8],不抵家,竟持前欠本利至朱姓处,朱已不能言,大父徐徐出所持银,告之曰:"前欠一一具奉,乞看过收明[9]。"朱姓忽蹶起,颂言曰:"世人有如君忠信人哉!吾口眼闭矣,愿君世世生贤子孙。"言已,气绝[10]。大父遂哭别而归家。人询知其还欠,或骇之[11],大父曰:"吾故骇,所以不到家者,恐为汝辈所惑也。"如此盛德,汝曹可不书绅[12]?

问:世间何者最乐?节孝曰:不放债、不欠债的人家;不大丰、不大歉的年时;不奢华、不盗贼的地方,此西方极乐国也[13]。免饥寒的贫士,学孝悌的秀才,通文义的商贾[14],知稼穑的公子[15],旧面目的宰官[16],此西方极乐佛也[17]。

凡人一味好尽,无故得谤;凡人一味不拘,无故得谤。

凡寡妇不禁子弟出入房闼[18],无故得谤;寡妇盛饰容仪[19],无故得谤;妇人屡出烧香看戏,无故得谤;严刻仆隶[20],菲薄乡党[21],

无故得谤。

凡人家处前后嫡庶妻妾之间者[22],不论是非曲直,只有塞耳闭口为高,用气性者自讨苦吃。

联属下人[23],莫如减冗员而宽口食[24]。

节孝曰:做人家,高低有一条活路便好。

凡与人田产钱财交涉者,定要随时讨个决绝,拖延生事。

妇人不谙中馈[25],不入厨堂,不可以治家。妇人结伴联社,呈身露面,不可以治家。

受谤之事,有必要辩者,有必不可辩者。如系田产钱财的,迟则难解,此必要辩者也;如系闺阃的[26],静则自消,此必不可辩者也。如系口舌是非的,久当自明,此不必辩者也。

凡人气盛时,切莫说道,我性子定要这样的,我今日定要这样的,蓦直做去[27],毕竟有磕撞。

世间富贵不如文章,文章不如道德,却不知还有两项压倒在上面的:一者名分,贤子弟决难漫灭亲长[28],贤有司决难侮傲上台[29];一者气运,尽有富贵交著衰运,尽有文章遭著厄运,尽有道德逢著末运,圣贤卿相做不得自主。

注释

[1] 大父:祖父。

[2] 逾年:过了一年。

[3] 笃:病很重。

[4] "朱为"句:即朱姓者做管理两槐公家事的仆人。

[5] 使闻主人:即让两槐公知道。

[6] "旁人"句:旁人私下庆幸,认为他可以亏欠了。

[7] 姑熟:古城名,故地在今安徽当涂。

[8] 趱(zǎn)回:赶回。

[9] 乞:请求。

[10] 言已：说完。　气绝：停止呼吸。即死亡。

[11] 骇(ái)：傻。

[12] 书绅：绅，束在腰间，一头下垂的大带。书绅，写在绅带上。

[13] 西方极乐国：佛教指阿弥陀佛所居之地。佛教徒认为，居住在这个地方，就可以获得光明、清静和快乐，摆脱人间一切烦恼。所以叫极乐国。

[14] 商贾(gǔ)：商人。

[15] 稼穑(sè)：稼，种植谷物；穑，指收获。稼穑，耕种和收获。泛指农业劳动。

[16] 宰官：古代主事的官。

[17] 极乐佛：佛经中指阿弥陀佛。

[18] 房阃(hé)：房屋的小门。

[19] 盛饰容仪：极力修饰容貌和仪表。

[20] 严刻仆隶：对仆人严厉苛刻。

[21] 菲薄乡党：瞧不起乡里人。

[22] 嫡：指正妻。　庶：指妾。

[23] 联属：联络，联结。

[24] 冗(rǒng)员：多余的人员。　口食：口粮，粮食。

[25] 谙：熟悉。

[26] 闺阃(kǔn)：这里指女子之事。

[27] 蓦直：直接。

[28] 漫灭：埋没。

[29] 贤有司：贤能的官吏。　侮傲上台：欺侮轻慢上司。

节孝问介：子夏问孝[1]，子曰："色难[2]。"如何解说？介跪讲毕，母曰：依我看来，世间只两项人是色难。有一项性急人，烈烈轰轰，凡事无不敏捷，只有在父母跟前一味自张自主的气质，父母其实难当。有一项性慢人,落落拓拓[3],凡事讨尽便宜,只有在父母跟前一番不痛不痒的面孔,父母便觉难当。

节孝问介:"至于犬马皆能有养,不敬,何以别乎[4]?"如何解说?介跪讲毕,母曰:这个"敬"字,不要文皱皱说许道理,但是人子肯把"犬马"二字常在心里省觉,便是恭敬孝顺。你看世上儿子,凡日间任劳任重的,都推与父母去做,明明养父母直比养马了。凡夜间晏眠早起的,都付与父母去守,明明养父母直比养犬了。将人比畜,怪其不伦[5],况把爹娘禽兽看待,此心何忍?禽兽父母,谁肯承认?却不知不觉日置父母于禽兽中也。一念及此,通身汗下,只消人子将父母、禽兽分别出来,够恭敬了,够孝顺了。

节孝问介:"父母唯其疾之忧"如何解说[6]?介跪讲毕,母曰:看来惟疾是忧,要知身体为重,道德功名是第二义也[7]。世上爹娘只望儿子为圣为贤,封侯拜相,却忘了守身、启手足之旨[8],截树粘鸦[9],一何痴也!

节孝曰:人当大怒大忿之后,睡了一夜,还要商量。

贫家儿女无甚飨用[10],只有早上一揖,高叫深恭,大是恩至。每见汝一勺便走[11],慌慌张张,有何情味?

注释

[1] 子夏:春秋末晋国温(今河南省温县西南)人,一说卫国人。卜氏,名商。孔子学生。为莒父宰。主张国君要学习《春秋》,吸取历史教训,防止臣下篡权等。

[2] 色难:出自《论语·为政》。意思是,儿子在父母面前经常有愉悦的容色,是件难事。

[3] 落落拓拓:即落落托托。满不在乎,随随便便。

[4] "至于"三句:出自《论语·为政》。这几句的意思是,至于狗马都能够得到饲养,若不存心严肃地孝顺父母,那养活父母和饲养狗马怎么去分别呢?

[5] 不伦:不合伦理。

[6] 惟疾是忧:出自《论语·为政》。意思是,父母只忧虑子女的疾病。

[7] 功名:科举时代称科第为功名。

[8] 守身:语出《孟子·离娄上》:"守孰为大?守身为大。"意思是洁身自爱,不为外物所动。 启手足:语出《论语·泰伯》:"曾子有疾,召门弟子曰:'启予足,启予手'。"儒家所宣扬的孝道,以能保全名誉身体而终为幸。后以"启手足"为善终的代称。

[9] 截树粘鸦:意思是截断树吸引住鸟。比喻白费力气。

[10] 飨用:飨,通"享"。飨用,享受。

[11] 一勺:指早上问安不够恭敬,只是应付了事。

铨母教子[1]

[清]蒋士铨[2]

铨四龄[3],母日授"四子书"数句[4]。苦儿幼不能执笔,乃镂竹枝为丝[5],断之,诘屈作波磔点画[6],合而成字,抱铨坐膝上教之。既识[7],即拆去,日训十字。明日,令铨持竹丝合所识字,无误乃已。至六龄,始令执笔学书。

记母教铨时,组绣纺织之具[8],毕陈左右,膝置书,令铨坐膝下读之。母手任操作[9],口授句读[10],咿唔之声与轧轧相间[11]。儿怠,则少加夏楚[12],旋复持儿泣曰:"儿及此不学,我何以见汝父!"至夜分[13],寒甚,母坐于床,拥被覆双足,解衣以胸温儿背,共铨朗诵之。读倦,睡母怀,俄而母摇铨曰[14]:"可以醒矣。"铨张目视母面,泪方纵横落,铨亦泣。少间[15],复令读。鸡鸣,卧焉。诸姨常谓母曰:"妹一儿也,何苦乃尔!"对曰:"子众,可矣;儿一,不肖,妹何托焉?"

铨九龄,母授以《礼记》《周易》《毛诗》[16],皆成诵。暇更录唐、宋人诗,教之为吟哦声[17]。母与铨皆弱而多病,铨每病,母即抱铨行一室中,未尝寝。少痊[18],辄指壁间诗歌,教儿低吟之,以为戏。母有病,铨则坐枕侧不去。母视铨则无言而悲,铨亦凄楚依恋之。尝问曰:"母有忧乎?"曰:"然。""然则何以解忧?"曰:"儿能背诵所读书,斯解也。"铨诵声琅琅然[19],争药鼎沸[20]。母微笑曰:"病少差矣[21]。"由是,母有病,铨即持书诵于侧,而病辄能愈。

注释

[1] 《铨母教子》:选自蒋士铨的《鸣机夜课图记》。 铨母:指蒋士铨母钟令嘉,字守箴,晚号甘奈老人。清代女作家。她自幼与兄长一起随父读书,著有《柴车倦游集》。

[2] 蒋士铨(1725—1785):字心馀、苕生,号藏园,又号清容居士。铅山(今属江西省)人。清代诗人。乾隆二十二年(公元1757年)进士,官翰林院编修。辞官后曾主蕺山、崇文、安定三书院讲席。蒋士铨的诗笔力坚劲,与袁枚、赵翼并称乾隆三大家。他还是一位重要的戏剧家,有杂剧、传奇戏曲十六种。著有《忠雅堂集》。

[3] 四龄:四岁。

[4] 四子书:指四书。

[5] 镂:雕刻。此指削。

[6] 诘屈:弯曲。 波磔(zhé)点画:汉字的笔画,波即撇,磔即捺。

[7] 既识:已经认识了。

[8] 组绣:编织刺绣。

[9] 手任操作:即手上干着活计。

[10] 句读(dòu):古人指文辞休止与停顿处。文辞语义已尽处为句,未尽而须停止处为读。书面上用圈("。")、点("、")来标志。

[11] 咿唔:指读书的声调。轧轧:纺织时纺机发出的声音。

[12] 夏(jiǎ)楚:夏,指榎木;楚,指荆条,古代都用作教师体罚学生的工具。夏楚,责打。

[13] 夜分:半夜。

[14] 俄而:没多久。

[15] 少间:过了一会儿。

[16] 《毛诗》:即今本《诗经》。相传为汉初学者毛亨和毛苌所注。《汉书·艺文志》著录有《毛诗》二十九卷,《毛诗故训传》三十卷,故称。

[17] 吟哦声:即按一定的声调吟诵诗。

[18] 瘥:瘥愈。

[19] 琅琅:声音清朗响亮。

[20] 药鼎:药罐。

[21] 差(chài):通"瘥"。病愈。

母 教 录[1]

[清]郑 珍[2]

母曰:"坏事总不可做过一次。人未做坏事时,尽明知道不好,不惟不做,还得劝人。若做了一次,便觉得如此也不妨,往后越做得有味,直以为好事了。已是不孝、不弟、不仁、不义,他还说出许多道理、许多缘故来,竟是合该如此底。故凡一切坏事,只拿定主见,宁忍耐着,莫去试手。语云:'一回是徒弟,二回是师傅[3]。'为善容易回头,为恶能回头者,十未见其一也。"

珍幼自馆归[4],母命种陌豆[5]。有余力,母曰:"盍读书[6]?"以无读处对[7]。母曰:"书何处不可读?或树下,或檐角,皆可。必须明窗净几,又无一事,才开得口,用得心。汝无此福,真读书亦不如此。"

珍出就傅[8],母戒曰:"汝往,毋得罪于朋友。"请故[9],曰:"汝贫人子而幼,众人非有不得已,必顾惜汝也[10]。汝于贤者常亲之[11],事事尽诚实焉。于不贤者亦常亲之,事事勿沾惹焉。如此,则贤者乐教汝,不贤者末从答骂汝[12]。汝虽远,我不汝虑也[13]。"

山居尝代母纺[14],母曰:"读书人于本分事,件件能得[15],急时皆有受用处。先大夫穷时[16],课生徒[17],每有间即登纺车[18],膝上置书一册,手目并用,线虽较粗,日所赢可一人食[19]。谚曰:'男无志,纺棉花;女无志,走娘家。'顽惰子弟每以此借口[20],于衣食事全不解得,倘一朝落泊[21],去做那一件?"

母曰:"河梁庄宅前大土,寻常必五、六工始芸一次[22]。汝曾大母告我言[23],昔与汝曾大父天白出芸,一从东畔起,一从西畔起,至晚即薅币[24],汝曾大父犹嫌迟也。先代勤德如此。"

母曰:"子弟不宜重膝坐[25],妇女尤是丑相。人都说如此坐甚逸[26],我却重膝不成。"

母曰:"先舅未作秀才时[27],常白日牧牛,割马草,夜始读书。布袜惟入冬始得著。独子之家,衣食饶足,教之严且如此。此闻之汝曾大母云。"

母曰:"我一年每日三炊,每夜两缫[28]。薅插时常在菜林中[29],收簸时常在糠洞中[30]。终日零零碎碎,忙得不了,头不暇梳[31],衣不暇补,方挪得尔去读书。尔想此一本书是我多少汗换出来?焉得不发愤[32]!"

注释

[1] 《母教录》:是清代诗人郑珍追记母亲平日训言之作。约六十余条。郑母(1776—1840),姓黎。二十五岁嫁给郑珍父亲郑文清,夫妻恩爱,勤于妇道,教子有方。郑母认为,为人要诚实善良,有志气;为学要勤奋刻苦;持家要勤苦节俭;处世要宽厚、忍让;教子要讲究方法;女子要勤劳,纺织、针线、饭菜样样都能做。语词循循善诱,至今仍能给人以启迪。

[2] 郑珍(1806—1864):清诗人。字子尹,晚号柴翁,贵州遵义人。道光举人。曾任荔波县训导。治经学、小学,为晚清宋诗派作家。著有《仪礼私笺》《说文新附考》《巢经巢集》等。

[3] 一回是徒弟,二回是师傅:即言(做坏事)越来越熟练。

[4] 馆:学馆。

[5] 陌:田间东西方向的道路,泛指田间道路。

[6] 盍:何不。

[7] 对:回答。

[8] 就傅:跟从老师学习。

[9] 请故:请教原因。

[10] 顾惜:关心照顾,怜惜。

[11] 于:对。

[12] 笞(chī)骂:笞,用鞭、杖或竹板子打。笞骂,指打骂。

[13] 不汝虑:不为你担忧。

[14] 山居:在山中居住。

[15] 件件能得:件件都能做。

[16] 先大夫:先,对已去世者的尊称。先大夫,已故去的祖父。 穷:不通达。指未做官。

[17] 课生徒:教授学生。

[18] 有间(jiàn):有空闲时间。

[19] 赢(yíng):获利。

[20] 玩惰:贪图安逸懒惰。

[21] 落泊(bó):潦倒失意。

[22] 始:才。 芸:锄草。

[23] 曾大母:太祖母。

[24] 薅帀(hāo zā):薅,拔草;帀,环绕一周。薅帀,拔完草。

[25] 重(chóng)膝:指一腿放在另一腿膝上。即今所谓"跷二郎腿"。

[26] 逸:舒适。

[27] 先舅:称丈夫的亡父,即已故的公公。 秀才:明清两代县学生员的通称。又称秀士。

[28] 维(suì):纺车上收丝的器具。

[29] 薅插:拔草,种苗。

[30] 收籺(bǒ):簸去粮食的糠皮。

[31]　不暇：没有空闲时间。

[32]　焉得：怎么能。

　　珍学于舅氏[1]，距家仅一里许[2]。每霜晨[3]，念母之起也寒，归拾薪一束置门外去[4]。母后知之，戒曰："晨气清明，读书易记，悟理易入[5]。我起炊，常近火，不寒也。毋若此误汝晨功[6]。"珍年十四，小试不售[7]。归，十日不就塾[8]，母曰："汝再懊十日不成[9]，便与汝一秀才，却早虚过了十日也。"

　　母曰："人家凡物事必留余地。如一斛米随盛一小罂[10]，置僻处，后十年有小儿脾弱，即得陈米一斤。姜随藏一两芽，温衣时即可应急[11]。一斤桕叶，随存六、七片，屋漏时即可插瓦缝。当时若不留，亦尽用了；留之毫无所损，取用皆等于黄金。"

　　母曰："先大夫病脾疟二年，我日拾薪煮药三次，先大夫常喜我于事耐烦。"

　　母曰："处兄弟、妯娌，常想若父母、舅姑止我一人，我未必不事事要做，即无不和睦之理。又常想若遇兄弟、妯娌或病，或痿废[12]，我未必不饮食之[13]，扶持之[14]。今尚能助我一、二[15]，更无不和睦之理。"

　　母曰："人性急真可笑，如饮食，饭未熟，终要待他熟，不成一急他便为尔熟也？"

　　母曰："语云：'当用不须俭。'无论贫富，当用底少一件不得[16]，惟谨食谨用，不可胡乱作践。先大夫艰难时，虽馆谷无几[17]，鱼肉之属[18]，月必数回[19]，大家吃得欢天喜地；查、梨、枣、柿之类[20]，岁无告匮者[21]。每见人浪费甚多，日用饮食，却吝脚吝手[22]，终是穷相。平时也过去了，若遇祭祀、宾客[23]，直不成事体。"

　　母曰："我观人举动、说话，都带几分朴气[24]，大半不失为好人，反此，即不免薄相[25]。"

240

母曰:"亲友间非有大故,当委曲完全[26],不可便破脸破相。试想生平与居处往来者能有几家?若因毫毛细事即断绝一家,能够得几年断绝。我昔年晒大钵酱[27],一族人夜舀半去,晨告者非一,我应之曰:'是晒减,非人窃也[28]。'他日过彼家,彼欲观我知否[29],即以酱食我[30]。我尝之,即曰:'今年汝家酱味胜我制者。'其人释然[31]。又种矟匏一架[32],熟时邻家尽摘去。彼固未种此,一日过之,彼灶上置一颗,甚忸怩。我曰:'汝买匏较我种大,色亦较好。可送我为来年种?'归仍以米偿之,其人往还如故。当时若认是我物,彼未必即偿我,又增口舌[33],因自此不往来。一物小事,令我与彼即算了一生[34],岂非不值?语云:'吃得亏,住一堆[35]。'"

母曰:"居家穿破布衣裳,尽便劳辱[36]。若出外,则可布素[37],不可褴褛[38]。语曰:'人是桩,靠衣裳。'何若拖衣落饰,招人作践[39]?惟不可讲究华丽,为有识者所轻厌也[40]。"

母曰:"话不可说尽,福不可受尽。"

母曰:"我分居大田山下时,汝曾王母年几九十[41],与同去住,两安[42],未尝见有厉言厉色。"

母曰:"居家虽破坛破罐,亦须年置整齐。妇女若全没收拾,终成家不得。"

母曰:"家人有一慈良者[43],鸡犬之类必常亲近之,悍暴则呼之反去矣[44]。性不驯善[45],畜生犹恶[46],而况人乎?"

母曰:"茶饭是妇女第一事。若到人家,灶下清清静静,饮食却具办妥速[47],虽土㽅瓦缶是兴相也[48]。若闹了半日,只是茶不温、饭不热,茅茅草草谨图送客出门,即知内助不得力[49],虽富贵不足取。"

注释

[1] 学于舅氏:舅氏,指舅父。学于舅氏,即到舅父家读书。

[2] 一里许:许,表示约数。一里许,一里左右。
[3] 霜晨:结霜的寒冷早晨。
[4] 薪:柴草。
[5] 悟理:领悟道理。
[6] 晨功:早晨读书的功夫。
[7] 不售:考试未中。
[8] 就塾:到私塾读书。
[9] 懊:烦恼。不成:助词。用于句末,表示加强反诘语气。
[10] 斛(hú):旧量器,口小底大,容量本为十斗,后改为五斗。罂(yīng):同"罂"。小口大腹的容器,多为陶制,也有木制的。
[11] "温表"句:中医用姜温中解表,所以收藏。
[12] 痿:中医指身体某一部分肌肉萎缩或失去机能的病。废:指神经不健全或肢体残废。
[13] 饮食之:为他们做饭。
[14] 扶持:帮助。
[15] 尚:还。
[16] 底:同"的"。
[17] 馆谷:私塾师教授学生的收入。 无几:没有多少。
[18] 属:类。
[19] 月:指每个月。
[20] 查(zhā):即樝(zhā)子,一名木桃。果木名。
[21] 告匮(kuì)者:匮,缺乏。告匮者,指财物缺乏的时候。
[22] 吝脚吝手:很吝啬,小气。
[23] 宾客:指款待客人。
[24] 朴气:朴实的气质。
[25] 薄相(xiàng):轻薄相。
[26] 委曲完全:即委曲求全。

[27] 钵(bō):陶制器具。

[28] 晒减:太阳晒失水份,酱减少了。

[29] 彼:那个偷酱的族人。 知否:知道不知道。

[30] 以酱食我:拿酱让我吃。

[31] 释然:疑虑消除的样子。

[32] 艄匏(shào bó):长把小瓜。

[33] 口舌:争吵。

[34] 了一生:即了结一生的交往。

[35] "吃得"句:意思是能吃亏,才能与别人在一起相处。

[36] 尽(jǐn)便劳辱:劳辱,劳苦,劳作。尽便劳辱,尽可能的方便劳作。

[37] 布素:布质素衣。形容衣着俭朴。

[38] 褴褛:衣服破烂。

[39] 拖衣落饰:意思是拖拉着衣服,也不戴饰品。即不修饰。 招人作践:即让人家看不起。

[40] 轻厌:轻视嫌弃,极为看不起。

[41] 曾王母:即曾祖母。

[42] 两安:两人相安和睦。

[43] 慈良:慈爱,善良。

[44] 悍暴:凶暴。

[45] 性:本性。 驯善:善良。

[46] 恶(wù):厌恶。

[47] 具办:备办。 妥速:妥善迅捷。

[48] 土登瓦缶(fǒu):登,一种瓦器,本用于祭祀;缶,一种瓦器,大肚小口。 兴相:兴盛的样子。

[49] 内助:指妻子。

母曰:"家常布衣布裳,妇女若解得裁缝[1],便可自作,毋徒以针黹见长[2]。"

母曰:"皇天不没苦心人[3]。凡事只苦得,总不落空。我初移来时,此四面种瓜近百棵,岁仅得十余瓜食。近十年来,种者并叶茂实大,人只说菜亦世情[4],焉知积年粪壅[5],费无数力也。"

母曰:"食时嫌咸嫌淡,只老人则可,子弟如此极可恶。家常茶饭,只要有吃,上顿不适口,或下顿适口,皆隔得几时?偏有许多聒噪[6]。"

母曰:"我嫁时银饰,尽于汝丙子年师资[7]。"

壬辰春[8],书贩至,有礼书数种[9],急欲购读,议价三金矣[10]。计无所措[11],舍之[12]。以告母,母曰:"彼能欠乎?"对曰:"虽春放夏收[13],然尔时终无出[14]。"母曰:"但尔时收我珥金环,易一[15],足酬之[16],其一仍可化双珥也。"珍于是得读数种。后母遍翻《聂氏图》,笑曰[17]:"我不谓一小环换得著干礼器。"

母曰:"家常宜用五土盘碗[18],土器最朴,衣衾土布最暖,房屋土壁最洁,院落土墙最坚,炊爨土灶最久[19]。土器坏易买,土布破易补,土壁旧易垩[20],土墙倒易整,土灶湿易干。"

母曰:"我欲命汝不饮[21],则酒原不误人;我欲命汝饮,则人又误于酒[22],汝自量焉[23]。"

母曰:"人家不宜有者多,骰子、鸟笼尤可恶之甚[24]。"

母曰:"先舅年六十时,男女孙几二十辈[25],有一味之甘,必呼汝共食。课汝读,怒而弗答也。偶怒甚,误答一二,必呜咽流涕,不食终日[26]。盖缘汝曾大母于汝生时终[27],疑为再世然也[28]。先人孝思即此可见[29]。"

母曰:"汝曾大母告我言,当分居时,田入不及十石[30]。汝曾大父以书生自耕[31],昼作不足[32]继以月夜。值耕耘有亲友至者[33],耻与之言实,谓至某处矣[34],俟呼之[35]。随携鞋袜与衣[36],自媵呼归[37],而人不知也。"

母曰:"语云'负人者为奴。'汝想到债主登门时,少衣缺食,宁忍耐过去,勿轻贷也[38]。"

母曰:"懒人只是志气大。他把全副富贵都打算到了,却算丁丁点点做将来济得甚事[39]?故尔都懒做。不知事事勤苦,固未必能富贵,终要眼前过去得。"

青苗何某忠于佃,无子而老,居牛宫侧[40]。当珍侍父游齐时[41],苗病体发黄,声如牛吼,人无敢视者。母独与其老妇饮食之[42],敛葬之。尝曰:"我扶之终日始绝气。当时只悯其痛苦,不知其病可畏也。"

母曰:"我初移来时,先大夫年七十矣。每数日一来,过鸡埘虀盘[43],皆检点到[44]。一日造西厕[45],佣以急于耕未就盖[46]。先大夫闲话顷[47],随手编茅苫[48],未半炊即毕[49]。其好劳如此。"

母曰:"居宅盖草、瓦俱佳[50],只宜狭小,五柱、四架、三四所[51],安置得宜,使家人不远不逼,便常有亲密气象。若多且大,父兄难于呼应往来,子弟易于藏懒作奸,七离八落,非长久之道。"

母曰:"善说善笑,固取得人喜欢。其实当说当笑处能有许多,只是假得惯也[52]。莫道如此始与人相宜,我平生都不会,而今也不见人道不好。"

母曰:"汝曾大母年九十岁时,犹收稻二百余石,荞麦等四五十石,我见其常衣布衣[53],不下补数十处也。"

注释

[1] 解:懂得。

[2] 针黹(zhǐ):指缝纫刺绣类的女工。

[3] 皇天:对天的尊称。

[4] 菜亦世情:菜也有世情变化。

[5] 焉知:哪里知道。 积年:连年。 冀壅:指给庄稼施肥。

[6] 聒(guō)噪:声音杂乱,吵闹。指说许多没用的废话。

[7] 丙子年:清嘉庆二十一年,即公元1816年。 师资:拜师求学的资金。

[8] 壬辰:清道光十二年,即公元1832年。

[9] 礼书:泛指关于《周礼》《仪记》《仪礼》类的书。

[10] 三金:即三两银子。

[11] 计无所措:没办法筹措。

[12] 舍之:意思是放弃不买了。

[13] 春放秋收:指春天放债,秋后收入。

[14] 尔时:那个时候。 无出:没处拿出那么多银子。

[15] 易:换取。

[16] 酬:偿还。

[17] 《聂氏图》:指宋代聂崇义的《三礼图集注》,二十卷。据《三礼》旧图,重加考订,内容涉及宫室车服、祭祀礼器等。

[18] 五土:指山林、川泽、丘陵、水边草地、洼地等五种土地。这里泛指土。

[19] 炊爨(cuàn):烧火煮饭。

[20] 垩(è):用白垩涂饰。

[21] 饮:即饮酒。

[22] 误于酒:为酒所误。

[23] 自量:自己掂量着做。

[24] 骰(tóu)子:即色(shǎi)子。赌博用具。

[25] 几:几乎,差不多。 辈:量词。个。多指人。

[26] 不食终日:一天不吃饭。

[27] 终:指人死。

[28] 再世:再生。

[29] 孝思:孝亲之思。

[30] 田入:农田的收入。 及:到。 石(dàn):容量单位,

一石为十斗。

[31] "以书生"句:以书生的身份自己耕作。

[32] 昼作不足:白天劳作干不完。

[33] "值耕耘"句:正值耕作锄草时有亲戚朋友来。

[34] 言实:指说出真实情况。

[35] 俟(sì):等待。

[36] 随:随即。

[37] 塍(chéng):田间的土埂子。

[38] 贷:借贷。

[39] 济得甚事:指成不了什么事。

[40] 青苗:头戴青色帕的苗族分支 牛宫:牛棚。

[41] 侍父:侍奉父亲。 游:指到某处做官。 齐:古地名,今山东省泰山北黄河流域以及胶东半岛一带,战国时为齐地,汉以后仍沿称齐。

[42] 饮食之:给他喂饭喂水。

[43] 鸡埘(shí)彘盘:埘,在墙上凿的鸡窝。鸡埘彘盘,即鸡窝和猪食槽。

[44] 检点:查点。

[45] 造:到。

[46] 就盖:盖上盖。

[47] 闲话:闲谈。 顷:时,时候。

[48] 茅苫(shān):茅草编织的盖东西的器物。

[49] 未半炊:不到半顿饭的工夫。

[50] "居宅"句:指住房的房顶无论是盖瓦还是盖草都很好。

[51] 柱:支撑屋子的直立构件。 架:房屋两根柱之间是一架。

[52] 假:凭借。

[53] 常衣布衣:常常穿布衣裳。

母食菹酱[1]，每餐仅一方。珍曰："随意食之，何必如是？"母曰："凡物若狼藉食之[2]，再进，己亦必生不洁之厌[3]。我如此，即己不能尽，亦便与人食。"

甲午孔子生日[4]，卯儿发蒙[5]。母曰："我五十九岁，初见孙开口读书，不欲其懒惰，又不欲其太苦。汝教之，当知有刘居正，又当知有王述。"

母曰："我欲使人，不如自起为之之如意也。我如待人，不如自缓为之之早成也[6]。"

母坐书室，遍阅插架曰[7]："多矣！"珍曰："多则多矣，然骤读不到。诚以此钱供甘旨[8]，不犹愈乎[9]？"母曰："若以供甘旨，今皆在溷侧中矣[10]。语云：'一世买书，三世读。'汝家落后[11]，遗籍仅一堆[12]，授汝者皆其本。若当时少一部，亦少授汝一部矣。此物事焉能尽读[13]？能一卷中得一句、两句，便有益不少。勿悔也。"

母见一孙常读不成倍[14]，即私语之曰[15]："尔速成倍[16]，我与某物吃，同我往某去作某事。"珍曰："渠既心眼不专[17]，母如此越不专矣！"母曰："此教子古法。汝读书终不到。"后珍读《大戴·保傅篇》云[18]："'择其所嗜[19]，必先受业[20]，乃得尝之[21]；择其所乐[22]，必先有习，乃得为之。'卢辩曰[23]：'恐其懈堕，故以所味好诱之。'"乃恍然知母有所受。

母曰："妇人在家从父，出嫁从夫，夫死从子，此是不易正理[24]。若遇变，须是自家作主[25]，从便误了一生。妇言、妇容、妇功，只完全一个妇德。言，只要低声下气，即朴钝也不妨[26]；容，只要穿裹整洁，即丑陋也不妨；功，则自小来，针黹、纺织、酒食、菹醢[27]，直是一生做不尽。妇人舍此三者，从何处寻出德来？"

珍谓母曰"劳矣！儿岂不足供蔬粥？必待母为之乎？"母曰："好好一人，非手足不能动，焉有些子不做之理？"

母曰："处家在外，钱财不可不分明，亦不可太分明。出纳支若干,存若干,人我负欠若干,俱当留意。至亲戚、朋友决不可因锱铢小数论到尽头,语云:'善算也是穷,太分明之故;不善算也是穷,不分明之故。'"

母曰:"乞儿在门[28],多少与之去。其声我不忍久听也。每见人家残浆剩饭,及小儿女抛撒,终日不知践踏多少。此辈来却张威作势[29],小则骂之,大则笞之。凌弱暴寡本事止如此[30],甚无取也。"

邻鸡时过墙损园蔬[31],母见必徐麾喝[32],或呼其主呴之去[33]。珍谓:"盍击之[34]?"母曰:"彼畜生何识?恐击之而伤也。"

邻有居宅傍别山者[35],蓬枢瓮牖[36],与其子攻竹为业[37],俱病疫[38],而子尤殆[39],人无敢过其门。母持三升米呼珍偕往视之[40]。至所居,母曰:"汝若心怯即不入。"珍偕入,其子已无人色矣,母抚慰半时即归。促珍父往与脉治[41]。卒之皆起[42]。母尝言曰[43]:"莫谓疫无鬼,只到其家心中毫不猜疑,鬼亦无缝得入。若鬼得入,毕竟是自己先病,借得发作,并非传染。"

珍偶与卯儿说东坡诗"不缘耕樵得饱食[44],殊少味。"母曰:"与小儿言,当就他所知处告之,太宽则不得头脑[45],亦且厌听。"即笑语之曰:"此道理如我种四季豆时,尔从旁种几颗。今日尔看去,已说比我种底好,后来结子,亦必觉得分外有味。又如今晨剥蚕豆,尔自剥一盘,蒸食吃得净尽,更不别顾他物。可见凡事一经手作,便是有味。若都没用过心力,任说出血来[46],尔只看是白水。"

注释

[1] 菹(zū)酱:酱菜。

[2] 狼藉食之:指吃剩下的食物乱七八糟。

[3] "己亦"句:是说把吃剩下的食物再拿上来吃,自己也会产生嫌不干净的厌恶心理。

[4] 甲午:指清道光十四年,即公元1834年。

[5] 卯儿:郑珍的儿子,名卯。 发蒙:旧指教儿童开始识字读书。

[6] "我欲"四句:意思是,我想要支使别人去做的事,不如自己去做更称心。我如果等别人去做,不如自己慢慢去做完成得早。

[7] 插架:本指把书放在书架上。这里指书架上的书。

[8] 甘旨:指奉养亲人的美食。

[9] 愈:指买好吃的胜过买书。

[10] 溷(hùn)厕:厕所。

[11] 家落后:指家道不如人。

[12] 遗籍:留下来的书籍。

[13] 物事:物品,东西。此指书籍。

[14] 不成倍:倍,背诵。不成倍,背诵不出来。

[15] 私语之:私下对孙儿说。

[16] 速成倍:很快背诵出来。

[17] 渠:他。

[18] 《大戴·保傅篇》:指《大戴礼记》中的《保傅篇》。

[19] 所嗜:喜欢吃的东西。

[20] 受业:指跟从老师读书学习。

[21] 乃:才。 得:能。

[22] 所乐:指喜欢玩的游戏。

[23] 卢辩:字景宣,西魏、北周范阳涿县(今河北省涿州市)人,从魏孝武帝到关中,西魏太子、诸王都从他学习。宇文泰时为相,使他依《周礼》改订官制。为《大戴礼记》作注。北周世宗时故去,官至大将军。

[24] 易:改变。

[25] 须:必定。

[26] 朴钝:朴实笨拙。
[27] 针黹:做针线活。 菹醢:做肉酱。
[28] 乞儿:指乞丐。
[29] 此辈:指乞丐们。
[30] 凌弱暴寡:欺侮弱小和寡居的人。
[31] 时:有时。园蔬:园中蔬菜。
[32] 徐麾(huī)喝(hè):麾,通"挥",招手;喝,吆喝。徐麾喝,慢慢地挥着手吆喝。
[33] 粥(zhōu):唤鸡的声音。
[34] 盍:何不。 击:指把鸡轰打出去。
[35] 傍(bàng):依傍。
[36] 蓬枢瓮牖(yǒu):枢,门的转轴;瓮,一种陶制容器;牖,窗户。蓬枢瓮牖,用蓬草做门,用破瓦罐口做窗户。
[37] 攻竹:专门做竹器。
[38] 疫:瘟疫。
[39] 殆(dài):危险。
[40] 偕往:一起去。
[41] 促:催促。 脉治:诊脉治疗。
[42] 卒之:最终。 起:治愈,病愈。
[43] "母尝言"一段:这段将疫比鬼的话没有科学道理,实不可取。
[44] 东坡:即苏轼(1037—1101),北宋文学家、书画家。字子瞻,号东坡居士,眉州眉山(今属四川)人。官至礼部尚书。与其父洵、弟辙号称"三苏"。其文汪洋恣肆,明白畅达,为唐宋八大家之一。其诗清新豪健,词开豪放派风格。诗文有《东坡七集》等。 不缘耕樵:不依靠耕种打柴。
[45] 不得头脑:摸不着头脑,抓不住要点。

[46] 任说出血来:比喻说得深刻、透彻。

母曰:"我生时[1],先大夫以家穷多女,命不乳[2],三日矣。大母怜不即死[3],命乳,我乃活到今。每八月初三[4],念父子天性,尔时宁弃不举[5],不知有多少没奈何。先宜人同是日生[6],道尔时仅借得两鸡子食[7]。贫家艰苦。事事伤心,既生为女,毫不得力,更何心肝受人庆寿?今生汝慎勿为我作生日[8],惟晨起两拜不汝禁[9]。"

母曰:"人家无论有无,皆当勤苦节俭,节俭非勤苦人不知。"

母曰:"教子须父严则母慈,父慈则母严。教女三分严七分慈,可也。教媳妇,自是为姑底事。每见为舅者,硬扭作儿女一般,直是野礼[10],不自觉其可笑也。"

母曰:"平生恨不及事先姑[11]。汝曾大母告我言,程氏妇识字,通大义[12],性温顺,勤妇职[13],后山橡林半是手种。闻与汝季祖姑最相得[14]。嫁矣,闻先姑死,泣念不置[15],数日亦死。"

母曰:"人家兴败,不在富贵贫贱上说,科名有时而微[16],田宅有时而卖,终要大大小小成个样子。"

母曰:"汝于子弟有不喜处,经日不理睬之。何为也[17]?"珍曰:"待其愧悔[18],然后教之耳。"母曰:"汝失计也。凡怒子弟,小则骂,大则笞,他当下自知愧悔。藏怒,汝自取烦恼耳!若他不专心务业,汝不成终与之绝?待两三日才理睬他,他又乐得两三日顽混,何苦如此耶?"

珍谓母:"衰矣[19],劳役有代者[20],盍常呼大妇与弈为乐[21],岂不足以习手乎[22]?"母曰:"我浇锄园圃[23],日见其美茂焉[24];饲鸡豚狗彘[25],日见其肥泽焉[26]。乐此不劳也。平生且不喜看人博弈,焉能老而作此?且老人若摩动此等物,小儿辈必从旁观弄,久之必用心于此,是非为乐,乃忧端也[27]。"

母曰:"我看酒风人[28],旁人越劝阻越有兴,若其父母及所畏惧者一发声,即退缩哑了。可见心本明白,直是火毒乱攻,自不按遏[29],借酒遮着面皮,任随放肆,即得罪人,不过曰:'我实醉,不知也。'人亦多恕过他。以此雨行旧路[30],愈惯愈甚,全无羞耻。饮酒我不汝禁,遇宾客宴会,即醉也不妨。若稍有此等模样,即终身可不用见我。"

母曰:"用使女当以恩义得其心,彼于我如子女一般,自然事事鼓舞去做,亦不畏首畏尾[31]。若稍不如意,即鞭挞随之,自然要弄巧弄诈,希图逃责。每见人如此,我真不解。灵蠢是天性,不能勉强。总之,要善摆布,不合意,助之可也。若不言而自喻[32],不教而自就[33],他那还作人使女?"

母曰:"居乡村遇祖宗生忌[34],或适难得肉[35],即摘园蔬,磨豆乳,亦可致祭[36]。以将诚敬而已[37],丰腆不定在荤腥[38]。"

珍问母:"叔婶多矣,何以于母都爱敬?"母曰:"为嫂,分既尊[39]。我不善言,不善笑,见叔等只肭肭款款与之接[40],诚诚实实与之言。一切闲是闲非总不理会,爱敬我,或因此。"

母曰:"我嫁时布帐,到今四十年,虽破旧,绫罗我不易也[41]。"

母曰:"居大田山下时,一日大雨,汝父不知所之[42],汝曾大母命出门外观望,顷以事呼入。方至庭,而所倚墙即倒,此事殆有神佑[43]。"

母曰:"我一时不作劳,即觉此身无安顿处。想真好学人,亦必舍书即觉心无安顿处,同是一个道理。"

注释

[1] 我生时:指郑母出生的时候。
[2] 乳:喂奶。
[3] 大母:奶奶。
[4] 八月初三:郑母的生日。
[5] 宁弃不举:举,养育。宁弃不举,宁可舍弃不养育。

[6] 宜人：封建时代妇女因丈夫或子孙而得到的封号。清代五品官的妻子、母亲封宜人。这里指郑母之母。

[7] 鸡子：即鸡蛋。

[8] 今生：此生，这一辈子。

[9] 不汝禁：不禁止你这么做。

[10] 野礼：不合法度的礼仪。

[11] 先姑：丈夫已故的母亲。

[12] 程氏妇：即郑珍之祖母，姓程。

[13] 妇职：即妇功。旧指妇女纺织、刺绣、缝纫等事。

[14] 季祖姑：即郑珍的四姑奶奶。　相得：彼此相投。

[15] 不置：指悲痛的心情无法解脱。

[16] 科名：指科举功名。微：衰落。

[17] 何为：为什么。

[18] 愧悔：惭愧懊悔。

[19] 衰矣：指其母年岁大了。

[20] 劳役有代者：需要出力做的事有人代替了。

[21] 大妇：长子之妻。　弈：下棋。

[22] 习手：习，调节。习手，意思是歇歇手，别再劳作了。

[23] 园圃：种植果木蔬菜的园地。

[24] 美茂：繁茂好看。

[25] 豚（tún）：小猪。

[26] 肥泽：肌肉丰润。

[27] "是非"句：这不是娱乐，乃是忧虑的开始。

[28] 酒风：亦作"酒疯"。指醉后发狂。

[29] 自不按遏（è）：自己不能控制自己。

[30] 雨行旧路：象雨脚那样密密连连沿着旧路走下去。

[31] 畏首畏尾：怕这怕那，比喻疑虑过多。

[32] 喻：明白。

[33] 自就:指自己学会。
[34] 生忌:死者的诞生日。
[35] 适:正巧。
[36] 致祭:表示祭祀。
[37] 将:送上,表达。
[38] 丰腆(tiǎn):丰盛。
[39] 分(fèn):辈分。
[40] 肫(zhūn)肫款款:非常诚恳老实的样子。
[41] 绫罗:丝织品。
[42] "汝父"句:所之,去的地方。这句的意思是,不知你父亲去哪里。
[43] 殆(dài):大概。

附录

进《女孝经》表

[唐]郑　氏

　　妾闻天地之性,贵刚柔焉;夫妇之道,重礼义焉。仁义礼智信者,是谓五常,五常之教,其来远矣;总而为主,实在孝乎!夫孝者,感鬼神,动天地,精神至贯[1],无所不达。盖以夫妇之道,人伦之始,考其得失,非细务也[2]。《易》著乾坤[3],则阴阳之制有别;《礼》标羔雁[4],则伉俪之事实陈。妾每览先圣垂言[5],观前贤行事,未尝不抚躬三复[6],叹息久之。欲缅想馀芳[7],遗踪可躅[8]。

　　妾侄女特蒙天恩[9],策为永王妃[10],以少长闺闱[11],未娴《诗》《礼》[12]。至于经诰[13],触事面墙[14],夙夜忧惶,战惧交集。今戒以为妇之道,申以执巾之礼[15],并述经史正义,无复载乎浮词,总一十八章,各为篇目,名曰《女孝经》。上至皇后,下及庶人,不行孝而成名者,未之闻也。妾不敢自专[16],因以曹大家为主。虽不足藏诸岩石[17],亦可以少补闺庭[18]。辄不揆量[19],敢兹闻达[20],轻触屏扆[21],伏待罪戾。妾郑氏诚惶诚恐[22],死罪死罪[23]。谨言[24]。

注释

[1]　至:达到极点。　贯:贯通。

[2]　细务:琐事,无关紧要的事务。

[3] 乾:指《周易·乾卦》。这一卦代表阳。构成乾卦卦象的六爻皆为阳爻"—"。《周易》中以其代表天。 坤:指《周易·坤卦》,这一卦代表阴,构成坤卦卦象的六爻皆为阴爻"– –"。《周易》中以其代表地。

[4] 《礼》:指《仪礼·士昏礼》。 羔雁:小羊和雁。古代作为订婚的礼物。据《仪礼·士昏礼》载:男方行聘用雁。雁顺节候,秋南归而春北飞,夫为阳,妇为阴,取妇从夫之意。

[5] 垂言:留传下来的名言。

[6] 抚躬:反躬,自我反省。

[7] 缅想:遥想。

[8] 躅(zhú):踩。这里引申为追寻。

[9] 天恩:帝王的恩赐。

[10] 策:册封,帝王下令封。 永王:指李璘,唐玄宗第十六子。开元十三年(公元725年)封永王,领荆州大都督,因兴兵欲据江左,兵败被杀。

[11] 闺闱:内室。

[12] 娴:娴熟。

[13] 经:承当。 诰:皇帝的制敕。

[14] 触事:遇事。 面墙:指未学而见识浅薄。

[15] 申:告诫。 执巾:古代为人妻妾的谦称。

[16] 不敢自专:指不敢自己专任,而以曹大家的名义教女。

[17] 岩石:即名山,可以传之不朽的藏书之所。

[18] 少:稍稍。

[19] 揆量(kuí liáng):审度。

[20] 闻达:指向皇帝报告。

[21] 轻:不慎重。 屏扆(yǐ):古代皇宫内设在户牖间的屏风,上画虎形图案。这里指代皇妃。

[22] 诚惶诚恐：封建时代奏章中常用的套话，表示惶恐不安。

[23] 死罪死罪：封建时代表章中请罪时的套语，表示罪过很重。

[24] 谨言：恭敬上言。

《内训》序

[明]仁孝文皇后徐氏

吾幼承父母之教,诵诗书之典,职谨女事,蒙先人积善馀庆[1],夙备掖庭之选[2]。事我孝慈高皇后,朝夕侍朝[3]。高皇后教诸子妇,礼法惟谨。吾恭奉仪范[4],日聆教言[5],祗敬佩服[6],不敢有违。肃事今皇上三十馀年[7],一遵先志,以行政教。吾思备位中宫[8],愧德弗似,歉于率下[9],无以佐皇上内治之美,以叅高皇后之训[10]。常观史传,求古贤妇贞女,虽称德性之懿,亦未有不由于教而成者。然古者教必有方,男子八岁而入小学,女子十年而听姆教[11]。小学之书无传,晦庵朱子爱编缉成书[12],为小学之教者,始有所入。独女教未有全书,世惟取范晔《后汉书》、曹大家《女诫》为训[13],恒病其略[14],有所谓《女宪》《女则》,皆徒有其名耳。近世始有女教之书盛行,大要撮《曲礼》《内则》之言,与《周南》《召南》诗之小序,及传记而为之者。仰惟我高皇后教训之言,卓越往昔,足以垂法万世,吾耳熟而心藏之。乃于永乐二年冬[15],用述高皇后之教以广之,为《内训》二十篇,以教宫壸[16]。

夫人之所以克圣者,莫严于养其德性,以修其身。故首之以德性,而次之以修身。而修身莫切于谨言行,故次之以慎言、谨行,推而至于勤励、警戒,而又次之以节俭。人之所以获久长之庆者,莫加于积善;所以无过者,莫加于迁善,又次之以积善、迁善。之数者[17],皆身之要,而所以取法者,则必守我高皇后之教也,故继之以崇圣训。远而取法于古,故次之以景贤范。上而至于事父母、事君、事舅姑、奉祭祀,又推而至于母仪、睦亲、慈幼、逮下,而终之于待外戚。顾以言辞浅陋,不足以发扬深旨,而其条目亦粗备矣。观者于此,不必泥于言,而但取于意,其于治内之道,或有裨于万一云。永乐三年正月望日序。

注释

［1］ 积善余庆:积德行善之家,恩泽及于子孙。

［2］ 夙:早年。 备:充数。 掖庭:宫中旁舍,嫔妃居住之所。

［3］ 侍朝:侍立朝堂。这里指侍于孝慈高皇后左右。

［4］ 仪范:礼法,礼仪。

［5］ 聆:听。 教言:教诲的话。

［6］ 祗(zhī)敬:恭敬。

［7］ 肃:恭敬。 今皇上:指明成祖朱棣。

［8］ 备位:充数,充任。谦词。 中宫:指皇后居住之处。

［9］ 歉:不足。 率下:为下人楷模。

［10］ 忝:有愧于,玷污。

［11］ "女子"句:语出《礼记·内则》:"女子十年不出,姆教婉娩听从。"姆教,女师向女子传授妇道。

［12］ 晦庵朱子:指朱熹。因其号晦庵,故称。

［13］ 范晔(398—445):字蔚宗,范宁之孙。南朝宋顺阳人。官尚书吏部郎,左迁宣城太守。因不得志,于是删定《东观汉记》以下诸书,撰《后汉书》。后因参与谋立刘义康,事泄被杀。《后汉书》:范晔撰,今本一百二十篇,分一百三十卷。纪传体东汉史。原书只有《本纪》《列传》,北宋时把晋司马彪《续汉书》中八志与之相配,成为今本。

［14］ 恒病其略:常批评其太简略。

[15] 永乐二年：即公元1404年。

[16] 宫壸(kǔn)：同"宫闱"。帝王后宫。

[17] 之数者：这些品德。

后 记

  中国自古以来重视家庭教育。在浩繁的古代典籍中，散佚着许多家训方面的著述。这些曾为前人教育后代发挥过重要作用的家训著作，在今天仍有其积极意义。为了弘扬中国民族文化，用传统美德教育青少年一代，给当今的家长提供可资借鉴的材料，我们编写了这套《中国历代家训丛书》。

  编写《中国历代家训丛书》，我们从1990年开始酝酿。当时天津古籍出版社二编部的曹式哲主任，同我们一起论证选题，组织出版，既忙碌于前，又奔波于后，并同许大年编辑一起，认真审阅书稿。经过几年的努力，到1994年，书稿陆续付梓。连续出版了六册，终因出版方资金短缺等原因，遂于1997年停止出版。这之后，我们一直没有停止编写工作，仍在默默地研读家训，精心撰写和打磨书稿，做到善始善终。

  十几年过去了，祖国大地国学热方兴未艾。在高科技飞速发展的今天，更需要用传统的人文精神滋养人们的灵魂。值此之际，天津古籍出版社张玮社长，以出版家的敏锐眼光，抓住良机，决定重新出版《中国历代家训丛书》，这套丛书重又付梓了。

  编写这套丛书，占有资料是一个重要问题，但是，挖掘资料的工作难度很大。我同贺恒祯、夏春田同志四处奔波,求得一些单位和友人的帮助,在当时检索手段还比较陈旧的条件下,大量翻阅古书,广泛查检文献,才将散佚在众多古代典籍中的重要家训资料基本搜集齐备。在此基础上,一道合作的朋友推举本人担任这套丛书的主编。于是,我便着手起草编写丛书的整体构想和具体意见。经过反复推敲,拟成了一套完备的选题计划。这套丛书计有:《颜氏家训》《温公家范》《袁氏世范》《双节堂庸训》《帝王家训》《名臣家训》《名人家训》《历朝母训》《家庭训语》《家训要言》《蒙训辑要》《古代家规》,凡十二册。之后,拟定编写体例,选择、整理资料,逐册进行编排。此后,组织标点、注释工作。稿成之后,又全面校阅书稿,修改润色文字,逐册统一体例,最后编定全书。本人才疏识浅,担任这套丛书的主编,深感心力不足,好在诸位同仁鼎力合作,才使本书编写工作得以顺利完成。在此,特向诚心合作的朋友们致谢!

丛书各分册所选家训,均依时间顺序进行编排。大多家训都是完整的著作;少数从别处撷取来的家训片段,为了便于读者阅读,我们加拟了标题。为了保证丛书的质量,特邀请专家学者对书稿进行标点、注释。注释采用按章节分段见注的体例。对生疏字词、人名、地名、称谓、官职、历史典故、重要引文及难懂的句子,都尽量作注。注释力求简明精炼,通俗易懂,并吸收了一些先贤和当代学者的研究成果,谨此致谢,恕不一一注明。有些著作版本较多,我们作了必要的校订工作。对原著中有明显封建糟粕的地方,作了必要说明。为了便于读者阅读,每分册前面都写有"前言",主要评介本分册所选家训著作的思想内容。

本书重新出版,得到了天津古籍出版社领导和同志们的热情支持和大力襄助。张玮社长抓住机遇,力推本书,成就出版之事；陈一飞主任组织出版、发行和协调各方关系，付出了大量心血；编辑和特邀编辑认真审阅书稿，提出了许多宝贵、中肯的意见，使本书避免了许多疏漏与错误。特于此志其劳绩，并深表谢忱！

还应特别提及的是，中国社会科学院学部委员、中国哲学史学会名誉会长、中国社会科学院研究生院教授、哲学家方克立先生，在繁忙的教学、科研工作中，抽时间为丛书作序，并多所指教，给丛书增色甚多，在此深致谢意！

由于功力所限，本书谬误恐在在多有，敬请专家和读者指正。

夏家善
2015 年 10 月 8 日